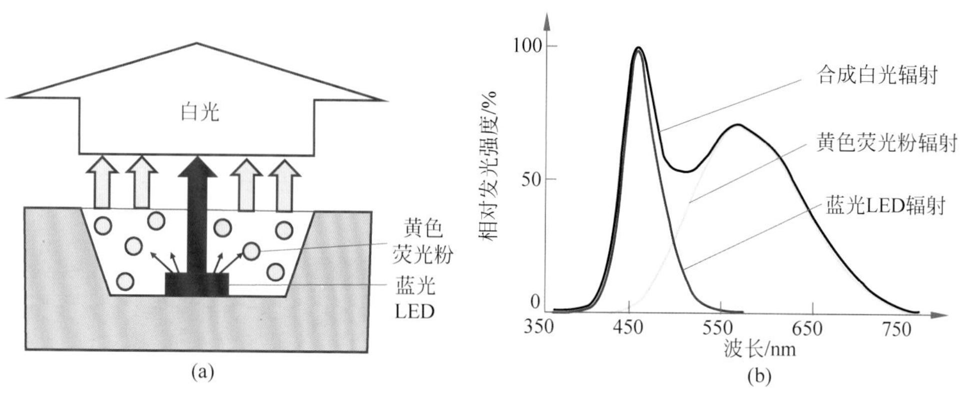

图 2.8　蓝光 LED 加黄色荧光粉的白光 LED

(a) 芯片结构；(b) 光谱曲线

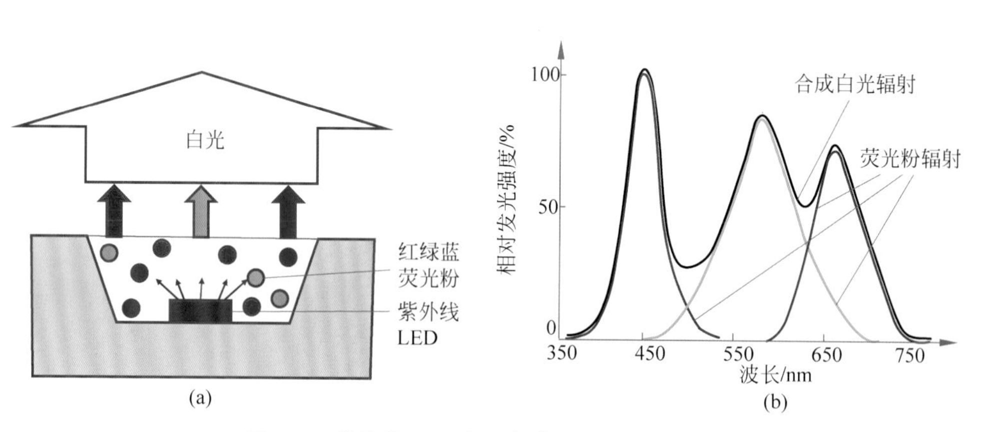

图 2.9　紫外线 LED 加三色荧光粉的白光 LED

(a) 芯片结构；(b) 光谱曲线

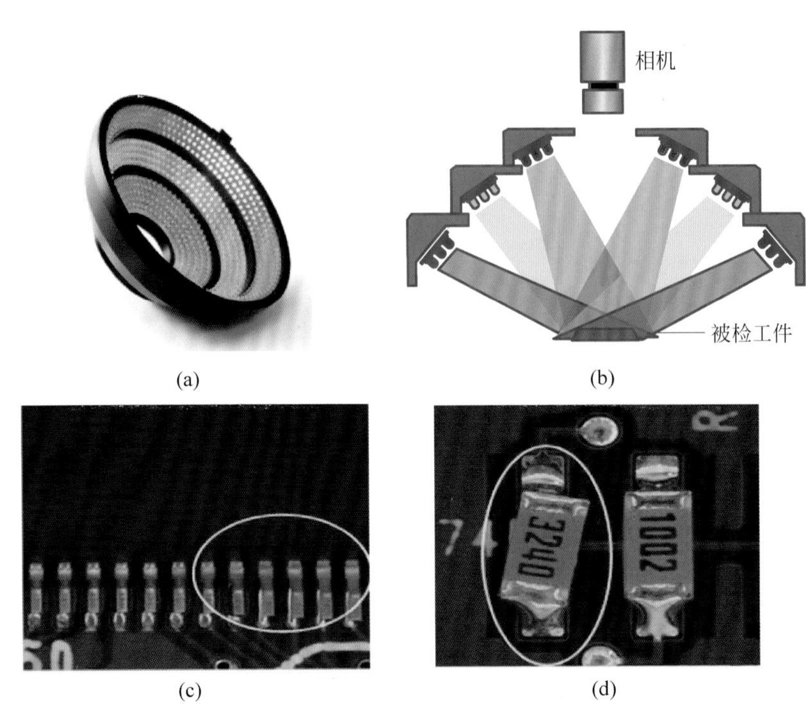

图 2.19　AOI 光源

(a) 外观；(b) 工作原理；(c) 引脚浮起缺陷；(d) 歪斜缺陷

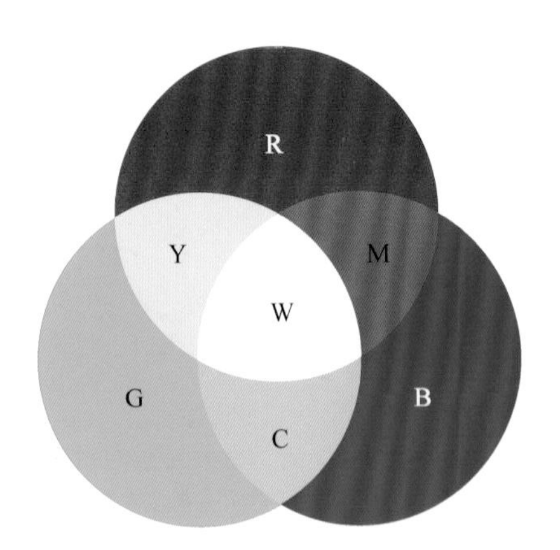

图 2.29　颜色的互补

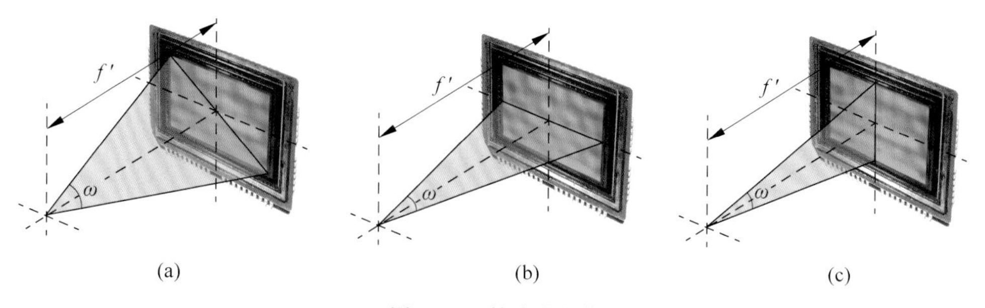

图 3.16　镜头的视场

(a) DFOV；(b) HFOV；(c) VFOV

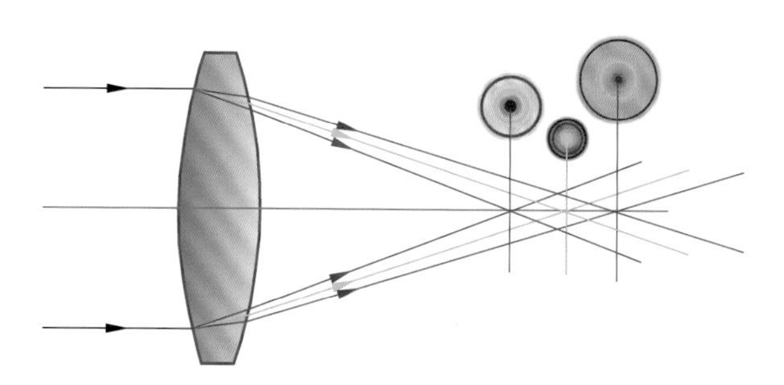

图 3.22　位置色差

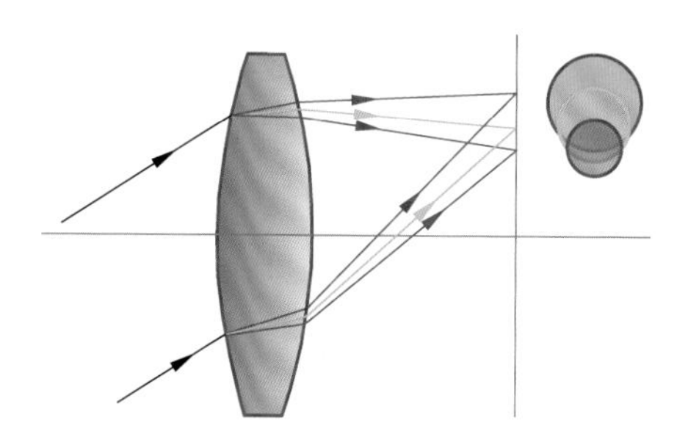

图 3.23　放大率色差

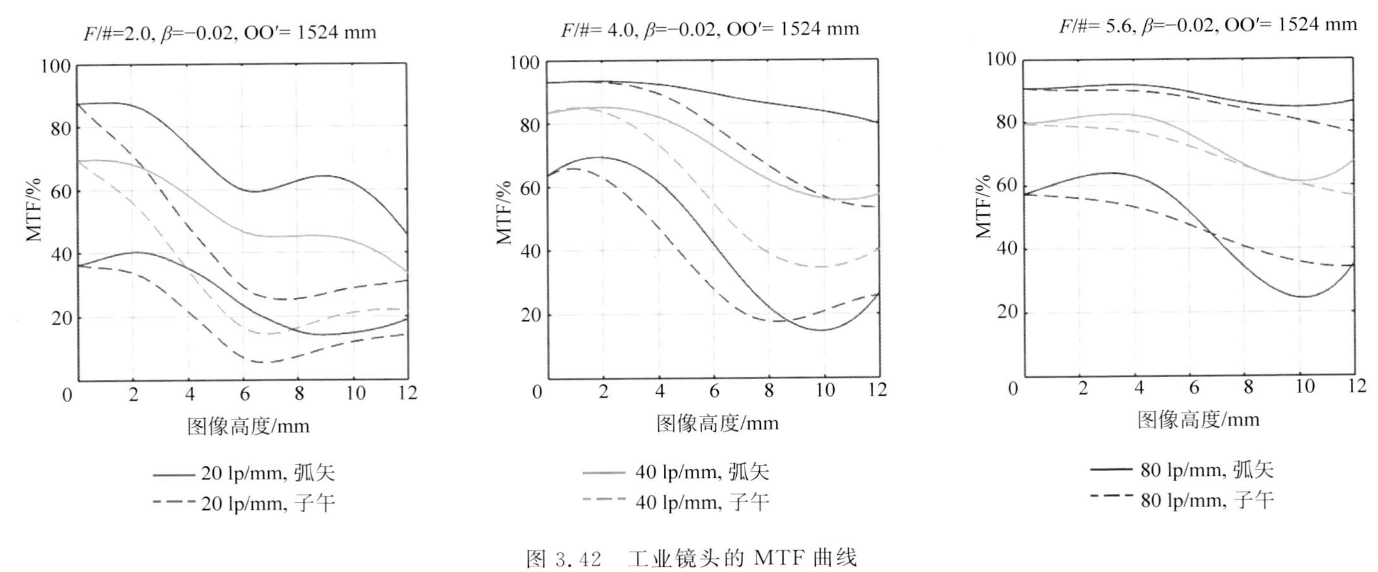

图 3.42　工业镜头的 MTF 曲线

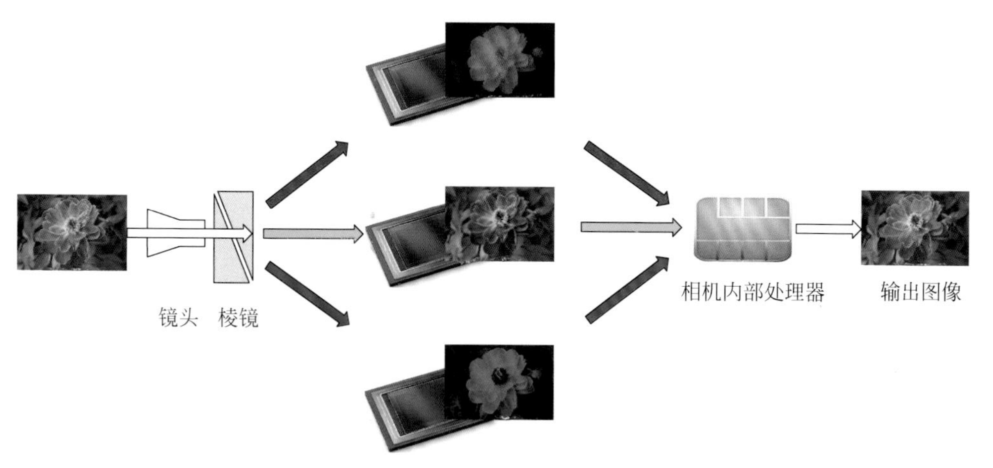

图 4.18　分光棱镜彩色相机成像原理示意图

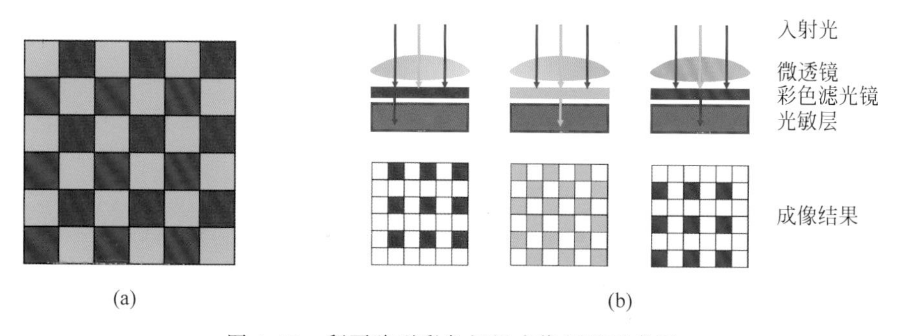

图 4.19　拜耳阵列彩色相机成像原理示意图

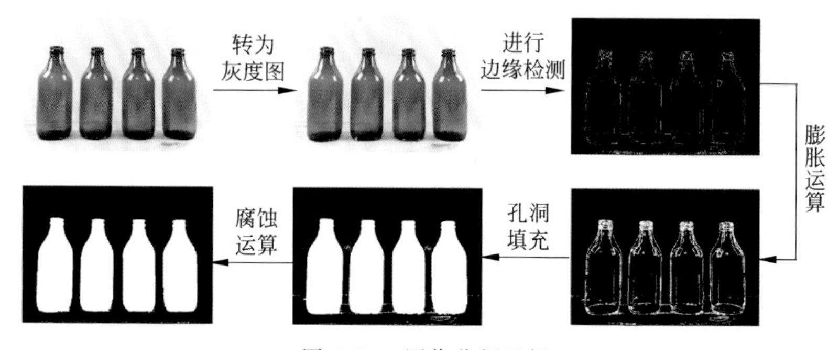

图 7.23　图像分割示例

(a)

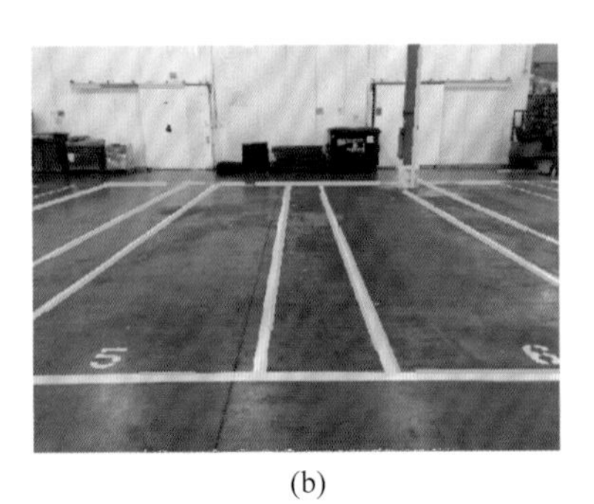

(b)

图 7.26　直线检测示例

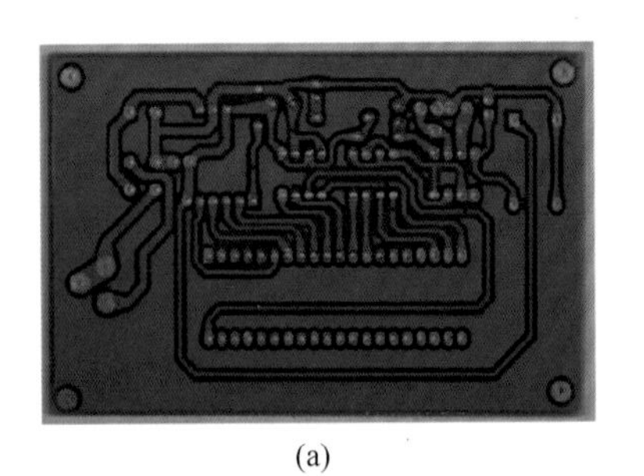

(a)

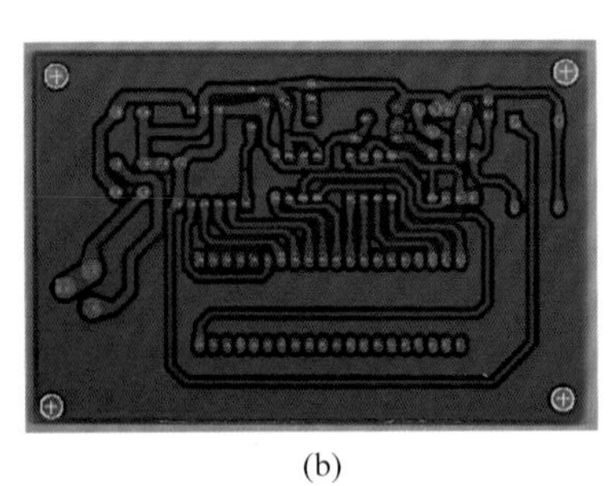

(b)

图 7.27　圆形检测示例

智能制造系列教材

机器视觉

MACHINE VISION

马洪兵 编著

清华大学出版社

北京

图书在版编目（CIP）数据

机器视觉 / 马洪兵编著. -- 北京 ：清华大学出版社，2025. 1.
（智能制造系列教材）. -- ISBN 978-7-302-67630-0

Ⅰ. TP302. 7

中国国家版本馆 CIP 数据核字第 2024U0V451 号

责任编辑：刘　杨
封面设计：李召霞
责任校对：薄军霞
责任印制：刘海龙

出版发行：清华大学出版社
网　　址：https://www.tup.com.cn，https://www.wqxuetang.com
地　　址：北京清华大学学研大厦 A 座　　**邮　　编**：100084
社 总 机：010-83470000　　**邮　　购**：010-62786544
投稿与读者服务：010-62776969，c-service@tup.tsinghua.edu.cn
质量反馈：010-62772015，zhiliang@tup.tsinghua.edu.cn
印 装 者：小森印刷霸州有限公司
经　　销：全国新华书店
开　　本：170mm×240mm　**印　张**：9.75　**插　页**：3　**字　　数**：203 千字
版　　次：2025 年 1 月第 1 版　　**印　　次**：2025 年 1 月第 1 次印刷
定　　价：35.00 元

产品编号：089817-01

智能制造系列教材编审委员会

丛书序1

FOREWORD

多年前人们就感叹，人类已进入互联网时代；近些年人们又惊叹，社会步入物联网时代。牛津大学教授舍恩伯格（Viktor Mayer-Schönberger）心目中大数据时代最大的转变，就是放弃对因果关系的渴求，转而关注相关关系。人工智能则像一个幽灵徘徊在各个领域，兴奋、疑惑、不安等情绪分别蔓延在不同的业界人士中间。今天，5G的出现使得作为整个社会神经系统的互联网和物联网更加敏捷，使得宛如社会血液的数据更富有生命力，自然也使得人工智能未来能在某些局部领域扮演超级脑力的作用。于是，人们惊呼数字经济的来临，憧憬智慧城市、智慧社会的到来，人们还想象着虚拟世界与现实世界、数字世界与物理世界的融合。这真是一个令人咋舌的时代！

但如果真以为未来经济就"数字"了，以为传统工业就"夕阳"了，那可以说我们就真正迷失在"数字"里了。人类的生命及其社会活动更多地依赖物质需求，除非未来人类生命形态真的变成"数字生命"了，不用说维系生命的食物之类的物质，就连"互联""数据""智能"等这些满足人类高级需求的功能也得依赖物理装备。所以，人类最基本的活动便是把物质变成有用的东西——制造！无论是互联网、物联网、大数据、人工智能，还是数字经济、数字社会，都应该落脚在制造上，而且制造是其应用的最大领域。

前些年，我国把智能制造作为制造强国战略的主攻方向，即便从世界上看，也是有先见之明的。在强国战略的推动下，少数推行智能制造的企业取得了明显效益，更多企业对智能制造的需求日盛。在这样的背景下，很多学校成立了智能制造等新专业（其中有教育部的推动作用）。尽管一窝蜂地开办智能制造专业未必是一个好现象，但智能制造的相关教材对于高等院校与制造关联的专业（如机械、材料、能源动力、工业工程、计算机、控制、管理……）都是刚性需求，只是侧重点不一。

教育部高等学校机械类专业教学指导委员会（以下简称"机械教指委"）不失时机地发起编著这套智能制造系列教材。在机械教指委的推动和清华大学出版社的组织下，系列教材编委会认真思考，在2020年新型冠状病毒感染疫情正盛之时进行视频讨论，其后教材的编写和出版工作有序进行。

编写本系列教材的目的是为智能制造专业以及与制造相关的专业提供有关智能制造的学习教材，当然教材也可以作为企业相关的工程师和管理人员学习和培训之用。系列教材包括主干教材和模块单元教材，可满足智能制造相关专业的基础课和专业课的需求。

主干教材，即《智能制造概论》《智能制造装备基础》《工业互联网基础》《数据技术基础》《制造智能技术基础》，可以使学生或工程师对智能制造有基本的认识。其中，《智能制造概论》教材给读者一个智能制造的概貌，不仅概述智能制造系统的构成，而且还详细介绍智能制造的理念、意识和思维，有利于读者领悟智能制造的真谛。其他几本教材分别论及智能制造系统的"躯干""神经""血液""大脑"。对于智能制造专业的学生而言，应该尽可能必修主干课程。如此配置的主干课程教材应该是本系列教材的特点之一。

本系列教材的特点之二是配合"微课程"设计了模块单元教材。智能制造的知识体系极为庞杂，几乎所有的数字-智能技术和制造领域的新技术都和智能制造有关，不仅涉及人工智能、大数据、物联网、5G、VR/AR、机器人、增材制造（3D 打印）等热门技术，而且像区块链、边缘计算、知识工程、数字孪生等前沿技术都有相应的模块单元介绍。本系列教材中的模块单元差不多成了智能制造的知识百科。学校可以基于模块单元教材开出微课程（1 学分），供学生选修。

本系列教材的特点之三是模块单元教材可以根据各所学校或者专业的需要拼合成不同的课程教材，列举如下。

#课程例 1——"智能产品开发"（3 学分），内容选自模块：

- 优化设计
- 智能工艺设计
- 绿色设计
- 可重用设计
- 多领域物理建模
- 知识工程
- 群体智能
- 工业互联网平台

#课程例 2——"服务制造"（3 学分），内容选自模块：

- 传感与测量技术
- 工业物联网
- 移动通信
- 大数据基础
- 工业互联网平台
- 智能运维与健康管理

#课程例 3——"智能车间与工厂"（3 学分），内容选自模块：

- 智能工艺设计
- 智能装配工艺

- 传感与测量技术
- 智能数控
- 工业机器人
- 协作机器人
- 智能调度
- 制造执行系统(MES)
- 制造质量控制

总之,模块单元教材可以组成诸多可能的课程教材,还有如“机器人及智能制造应用”“大批量定制生产”等。

此外,编委会还强调应突出知识的节点及其关联,这也是此系列教材的特点。关联不仅体现在某一课程的知识节点之间,也表现在不同课程的知识节点之间。这对于读者掌握知识要点且从整体联系上把握智能制造无疑是非常重要的。

本系列教材的编著者多为中青年教授,教材内容体现了他们对前沿技术的敏感和在一线的研发实践的经验。无论在与部分作者交流讨论的过程中,还是通过对部分文稿的浏览,笔者都感受到他们较好的理论功底和工程能力。感谢他们对这套系列教材的贡献。

衷心感谢机械教指委和清华大学出版社对此系列教材编写工作的组织和指导。感谢庄红权先生和张秋玲女士,他们卓越的组织能力、在教材出版方面的经验、对智能制造的敏锐性是这套系列教材得以顺利出版的最重要因素。

希望本系列教材在推进智能制造的过程中能够发挥“系列”的作用!

2021 年 1 月

丛书序2

FOREWORD

制造业是立国之本,是打造国家竞争能力和竞争优势的主要支撑,历来受到各国政府的高度重视。而新一代人工智能与先进制造深度融合形成的智能制造技术,正在成为新一轮工业革命的核心驱动力。为抢占国际竞争的制高点,在全球产业链和价值链中占据有利位置,世界各国纷纷将智能制造的发展上升为国家战略,全球新一轮工业升级和竞争就此拉开序幕。

近年来,美国、德国、日本等制造强国纷纷提出新的国家制造业发展计划。无论是美国的"工业互联网"、德国的"工业 4.0",还是日本的"智能制造系统",都是根据各自国情为本国工业制定的系统性规划。作为世界制造大国,我国也把智能制造作为推进制造强国战略的主攻方向,并于 2015 年发布了《中国制造 2025》。《中国制造 2025》是我国全面推进建设制造强国的引领性文件,也是我国实施制造强国战略的第一个十年的行动纲领。推进建设制造强国,加快发展先进制造业,促进产业迈向全球价值链中高端,培育若干世界级先进制造业集群,已经成为全国上下的广泛共识。可以预见,随着智能制造在全球范围内的孕育兴起,全球产业分工格局将受到新的洗礼和重塑,中国制造业也将迎来千载难逢的历史性机遇。

无论是开拓智能制造领域的科技创新,还是推动智能制造产业的持续发展,都需要高素质人才作为保障,创新人才是支撑智能制造技术发展的第一资源。高等工程教育如何在这场技术变革乃至工业革命中履行新的使命和担当,为我国制造企业转型升级培养一大批高素质专门人才,是摆在我们面前的一项重大任务和课题。我们高兴地看到,我国智能制造工程人才培养日益受到高度重视,各高校都纷纷把智能制造工程教育作为制造工程乃至机械工程教育创新发展的突破口,全面更新教育教学观念,深化知识体系和教学内容改革,推动教学方法创新,我国智能制造工程教育正在步入一个新的发展时期。

当今世界正处于以数字化、网络化、智能化为主要特征的第四次工业革命的起点,正面临百年未有之大变局。工程教育需要适应科技、产业和社会快速发展的步伐,需要有新的思维、理解和变革。新一代智能技术的发展和全球产业分工合作的新变化,必将影响几乎所有学科领域的研究工作、技术解决方案和模式创新。人工智能与学科专业的深度融合、跨学科网络以及合作模式的扁平化,甚至可能会消除某些工程领域学科专业的划分。科学、技术、经济和社会文化的深度交融,使人们可以充分使用便捷的软件、工具、设备和系统，彻底改变或颠覆设计、制造、销售、服务和消费方式。因此，工程教育特别是机械工程教育应当更加具有前瞻性、创新性、开放性和多样性，应当更加注重与世界、社会和产业的联系，为服务我国新的“两步走”宏伟愿景做出更大贡献，为实现联合国可持续发展目标发挥关键性引领作用。

需要指出的是，关于智能制造工程人才培养模式和知识体系，社会和学界存在多种看法，许多高校都在进行积极探索，最终的共识将会在改革实践中逐步形成。我们认为，智能制造的主体是制造，赋能是靠智能，要借助数字化、网络化和智能化的力量，通过制造这一载体把物质转化成具有特定形态的产品（或服务），关键在于智能技术与制造技术的深度融合。正如李培根院士在丛书序1中所强调的，对于智能制造而言，“无论是互联网、物联网、大数据、人工智能，还是数字经济、数字社会，都应该落脚在制造上”。

经过前期大量的准备工作，经李培根院士倡议，教育部高等学校机械类专业教学指导委员会（以下简称“机械教指委”）课程建设与师资培训工作组联合清华大学出版社，策划和组织了这套面向智能制造工程教育及其他相关领域人才培养的本科教材。由李培根院士和雒建斌院士、部分机械教指委委员及主干教材主编，组成了智能制造系列教材编审委员会，协同推进系列教材的编写。

考虑到智能制造技术的特点、学科专业特色以及不同类别高校的培养需求，本套教材开创性地构建了一个“柔性”培养框架：在顶层架构上，采用“主干教材＋模块单元教材”的方式，既强调了智能制造工程人才必须掌握的核心内容（以主干教材的形式呈现），又给不同高校最大程度的灵活选用空间（不同模块教材可以组合）；在内容安排上，注重培养学生有关智能制造的理念、能力和思维方式，不局限于技术细节的讲述和理论知识的推导；在出版形式上，采用“纸质内容＋数字内容”的方式，“数字内容”通过纸质图书中列出的二维码予以链接，扩充和强化纸质图书中的内容，给读者提供更多的知识和选择。同时，在机械教指委课程建设与师资培训工作组的指导下，本系列书编审委员会具体实施了新工科研究与实践项目，梳理了智能制造方向的知识体系和课程设计，作为规划设计整套系列教材的基础。

本系列教材凝聚了李培根院士、雒建斌院士以及所有作者的心血和智慧，是我国智能制造工程本科教育知识体系的一次系统梳理和全面总结，我谨代表机械教指委向他们致以崇高的敬意！

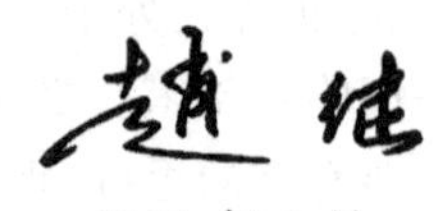

2021年3月

前言

PREFACE

机器视觉是一项快速发展的技术，它试图使机器能够像人一样看到周围的环境，并根据看到的情景快速做出判断和决策。在工业领域，机器视觉主要用于目标和缺陷的检测、定位和测量，机器人引导，以及产品识别、分类和追踪等。

机器视觉起源于20世纪50年代，过去的几十年间它在加快生产速度、优化制造流程和提高产品质量方面发挥了巨大作用，成为工业自动化的重要基础技术。目前，机器视觉正在与人工智能融合，成为向工业4.0过渡的重要技术支撑。

作为“智能制造系列教材”之一，本书以工业领域特别是智能制造领域应用为背景，系统地介绍了机器视觉系统的组成和工作原理。本书按照机器视觉系统中信息流动的顺序安排各章节，从光源和照明、工业镜头、工业相机、图像采集与传输、计算机到机器视觉算法依次展开。第1章简要介绍机器视觉的基本概念、系统组成、发展历史和应用领域；第2章讨论机器视觉系统中的光源与照明技术；第3章讨论镜头成像的基本原理、工业镜头的结构和性能评价；第4章讨论工业相机的基本结构、图像传感器的基本原理和工业相机的技术规格与参数；第5章介绍工业相机的数据接口和图像采集卡；第6章讨论两类机器视觉系统，包括基于PC的机器视觉系统和基于智能相机的嵌入式机器视觉系统；第7章介绍机器视觉常用的图像处理和识别算法，包括图像增强、图像分割、图像形态学算法与几何形状识别，并简要介绍人工智能和深度学习方法。

从知识体系角度来看，机器视觉是一种综合性的技术，涉及光学成像、照明、计算机软硬件、数字图像处理、模式识别、人工智能、机械工程和电气控制等诸多学科。为此，本书注重内容的完整性，涵盖机器视觉系统涉及的各组成部分，同时在不失科学性的前提下略去比较繁琐的理论内容，简明扼要地介绍相关的技术，力求详中取简，通俗易懂。

本书可作为智能制造类、机械类、电子信息类、管理类等相关专业本科生的教材，也可作为相关领域科技人员和管理人员的参考书。

由于作者水平有限，本书难免存在不妥或错误之处，恳请各位专家和读者批评指正。

作　者

2024年8月于清华大学

目录

CONTENTS

第1章

绪 论

机器视觉是一项综合技术，涉及光学成像、数字图像处理、模式识别、人工智能、机械工程和电气控制等诸多学科和领域。在智能制造领域，机器视觉是一项十分重要的支撑技术，可以提高装备的可靠性和工作效率，提高生产过程的自动化和智能化水平。

1.1 机器视觉的基本概念

1.1.1 机器视觉的定义

百度百科称："机器视觉是人工智能正在快速发展的一个分支。简单说来，机器视觉就是用机器代替人眼来做测量和判断。机器视觉系统是通过机器视觉产品(即图像摄取装置，分 CMOS 和 CCD 两种)将被摄取目标转换成图像信号，传送给专用的图像处理系统，得到被摄目标的形态信息，根据像素分布和亮度、颜色等信息，转变成数字化信号；图像系统对这些信号进行各种运算来抽取目标的特征，进而根据判别的结果来控制现场的设备动作。"

维基百科称："机器视觉是用于提供基于成像的自动检测和分析的技术与方法，通常在工业中应用于自动检测、过程控制和机器人引导等应用。机器视觉是指许多技术、软件和硬件产品、集成系统、动作、方法和专业知识。机器视觉作为一门系统工程学科，可以被认为与计算机视觉(一种计算机科学形式)不同。它试图以新的方式整合现有技术，并将其应用于解决现实世界中的问题。该术语是工业自动化环境中这些功能的通用术语，但也用于其他环境车辆引导中的那些功能。"

此外，不同机构和学者也从不同角度给出了机器视觉的定义。考虑到"智能制造系列教材"的整体目标，本书对机器视觉的定义为：机器视觉是一项用机器来复现人类视觉的先进技术，它集成了相关的硬件和软件，捕获来自周围环境特别是工业环境的图像信息，进行处理、分析和理解，进而使机器能够做出明智的决策。

1.1.2 机器视觉和人类视觉的对比

机器视觉是一项主要在工业环境中取代人眼进行检测、测量和判断的技术，了解人类视觉的过程对于理解机器视觉无疑是有益的。图1.1所示为简化的人类视觉形成和处理过程的示意图。太阳或者人造光源发出的光照射到目标物体上，部分光线会被物体反射进入人的眼睛。人眼中有一个透明的晶状体，为凸透镜形状，实际上晶状体的英文就是透镜(lens)。晶状体可以使来自目标的光线聚焦在视网膜上，形成清晰但是倒立的图像。视网膜上有两类感光细胞，分别是视杆细胞和视锥细胞，视杆细胞只能感受光线的明暗，视锥细胞可以细分为3种，分别感受红、绿、蓝3种颜色，从而形成彩色视觉。感光细胞把光转换成神经电信号，经视神经传送到大脑后部的视觉皮层。大脑的视觉皮层负责处理视觉信号，在处理过程中，大脑会利用过去的经验和记忆对视觉信号进行识别和理解，经过一系列信息处理过程，人类能够感知和理解外界的视觉信息。

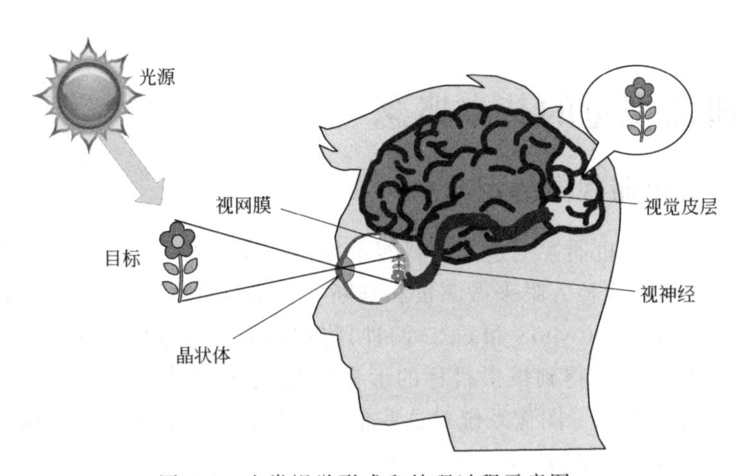

图1.1 人类视觉形成和处理过程示意图

如前所述，机器视觉从本质上讲是机器复制了人类的视觉系统，以模仿和代替人类的工作，特别是在工业环境中代替人工检查员的工作。表1.1对人类视觉和机器视觉的一些关键特征进行了对比。

表1.1 人类视觉和机器视觉的比较

特征	人类视觉	机器视觉
识别能力	可以毫不费力地识别物体，在非结构化场景中描述物体不存在困难	适合对结构化场景中的物体进行识别，在非结构化场景中描述物体是机器视觉具有挑战性的问题之一
数值精度	精度低，适合定性解释	精确遵循程序，适合定量和数值分析
速度	每分钟检测10个左右零件	每分钟检测几百到几千个零件

续表

特征	人类视觉	机器视觉
分辨率	高图像分辨率	高图像分辨率和高放大倍数
光谱	人眼只能感受波长范围为380～780 nm的电磁波，这一光谱范围称为可见光	可以记录超出可见光谱的光，一些机器视觉系统在红外（IR）、紫外（UV）或X射线下工作
一致性	易受无聊、分心和疲劳的影响	一致性接近100%
连续性	无法长时间连续工作	可以连续工作
安全性	部分工作环境不适合人类	安全隐患小

1.1.3 机器视觉的优势和局限

从表1.1中可以看出，在许多方面机器视觉比人类视觉具有优势，它能够以更高的速度、连续性和可靠性提供高于人类视觉性能的结果。机器视觉可以提高能源和资源的利用率，使材料流动更顺畅，防止系统堵塞，减少缺陷和浪费，并且节省空间。它还可以通过在整个生产过程中跟踪产品和组件来帮助实现实时流程，避免组件短缺，减少库存并缩短交付时间。所以，机器视觉在越来越多的行业获得了应用。

企业部署机器视觉系统可以带来许多优势，包括：

（1）提高竞争力——提高生产力和产出。

（2）成本更低——减少停机时间和浪费，提高速度和纠错能力。

（3）改进产品质量——可以100%地进行质量检查，以获得最高的产品质量。

（4）改善品牌声誉——更严格地遵守行业法规，减少产品召回和投诉数量。

（5）改进客户投诉处理流程——可以实现全流程的图像归档和记录。

（6）提高安全性——有助于营造积极、安全的工作环境。

（7）推进创新——将员工从手工和重复的任务中解放出来，从事更高价值的工作，从而带来更高的创造力和解决问题的能力。

虽然机器视觉系统有很多优势，但是机器视觉的性能受限于为其正常工作而创建的条件和规则。因此，在部署机器视觉系统时，应该遵守以下基本约束条件：

（1）以适合机器视觉特性的方式，对检查任务进行精确而详细的描述。

（2）要考虑试件关于形状、颜色、表面等所有允许变体和所有类型的误差。

（3）光源、照明、图像捕捉等设计，要能够凸显待识别的物体或缺陷。

（4）环境条件要保持稳定。

（5）机器视觉的识别算法会受到训练所需样本的数据量和有效性的限制。

1.1.4 机器视觉和计算机视觉的区别

在很多文献中，计算机视觉与机器视觉是不加区分的，但实际上这两种技术既有相同之处又有显著的区别。

计算机视觉技术是计算机科学的一个领域，它采用图像处理、模式识别以及人工智能等技术相结合的手段，研究如何使计算机获得对数字图像或视频的高级理解。其目标与人类视觉相似，即实现对物体的检测、识别和理解，进而能够做出明智的决策。

机器视觉的目标与计算机视觉相同。但是，机器视觉系统通常还包含光源、照明系统、镜头、相机、处理器和软件，以使机器能够做出这些决策。换句话说，机器视觉系统是范围更大的机器系统的一部分，而计算机视觉系统可以单独使用。

机器视觉系统依赖于系统本身捕捉的图像。计算机视觉系统并不需要捕捉图像，它可以处理原有的图像，例如来自互联网的图像或视频，甚至可以利用合成的图像来工作，从中获得有价值的信息。

另一个区别是，计算机视觉系统通常用于提取和使用尽可能多的关于物体的各方面的信息。相比之下，机器视觉系统通常专注于物体特定的方面。由于机器视觉更多地用于寻找特定的品质，因此它通常用于受控环境中的快速决策。

从应用的角度看，机器视觉偏重于工业领域，如自动化生产中对零部件的识别、尺寸测量、缺陷检测等。而计算机视觉的应用更加广泛，如人脸识别、行人识别、医学影像识别以及车辆自动驾驶等。

1.2 机器视觉系统的组成

机器视觉系统包括硬件和软件两部分。硬件包括光源、照明系统、镜头、相机、图像采集单元和计算机系统，其中光源、照明系统、镜头、相机和图像采集单元构成图像采集系统，负责获取图像数据。

光源以及照明系统对于机器视觉系统至关重要，往往直接关系到系统的成败。选择合适的光源和照明方式能够获得质量良好的图像，简化算法，提高系统的稳定性；反之，错误的光源和照明方式可能导致图像曝光过度，丢失很多重要的信息，或者出现阴影引起边缘误判，或者因为图像亮度不均匀而导致阈值选择困难。发光二极管(light emitting diode，LED)是目前最常用的光源，可以根据使用场景的需求选择不同的形状和尺寸。

镜头是机器视觉系统中的成像器件，通常与工业相机搭配使用，其主要作用是将目标的图像呈现在图像传感器的光敏面上。镜头的质量直接影响到机器视觉系统的整体性能，因此合理地选择和安装镜头，是机器视觉系统设计的重要环节。镜头相当于人类视觉系统中人眼的晶状体。

相机的作用是将光信号转变成有序的电信号，常见的工业相机使用的是电荷耦合器件(charge couple device，CCD)芯片或者互补金属氧化物半导体(complementary metal oxide semiconductor，CMOS)芯片。选择合适的相机是机器视觉系统设计中的重要环节，直接决定所采集到的图像分辨率和图像质量。相机相当于人类视觉系统中人眼的视网膜。

图像采集单元主要起图像采集和传输的作用，将相机输出的图像传输到计算机系统中，它相当于人类视觉系统中的视神经。

计算机系统是机器视觉系统的核心部件，机器视觉的软件系统就运行于计算机系统中，实现对图像采集系统获取的图像进行识别、检测等处理，它相当于人类视觉系统中的大脑。

机器视觉软件通常包括预处理、特征提取、分类和检测等模块。预处理模块负责对图像数据进行预处理，如缩放、旋转、裁剪、增强等操作。特征提取模块负责从图像中提取有意义的特征，如边缘、纹理、颜色等。分类和检测模块负责根据提取的特征进行图像分类、目标检测等任务。

完整的机器视觉系统的组成如图1.2所示。对比图1.1，可以更好地理解机器视觉系统的工作过程。

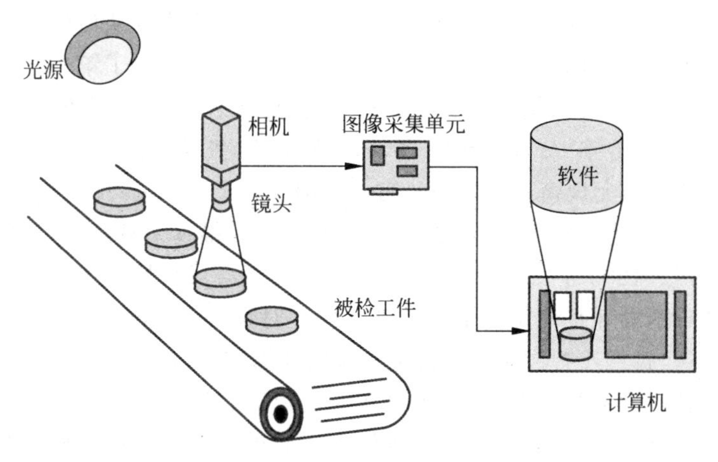

图1.2 机器视觉系统的组成

1.3 机器视觉的发展

1.3.1 机器视觉的早期发展

机器视觉技术萌芽于20世纪50年代。

1957年，Russell A. Kirsch发明了像素，并创造了世界上第一张数码照片。

1963年，Lawrence Roberts在美国麻省理工学院(MIT)发表了博士论文《三维实体的机器感知》(*Machine Perception of Three-Dimensional Solids*),描述了从二维图片中推导三维信息的过程。这篇博士论文是计算机视觉领域第一篇论文,开创了以理解三维场景为目的的计算机视觉研究。

1970年,日立公司推出了HIVIP Mk.1,这是第一款带有视觉系统的智能机器人。

1974年,美国机器人工业协会(Robotic Industries Association)成立,这是目前在机器视觉和工业自动化领域最大的行业协会——美国先进自动化协会(Association of Advancing Automation,A3)的前身。

1975年,Kodak公司的工程师Steven Sasson设计出了一部电子手持式静态相机,第二年,他做出了第一个可使用的原型,将影像储存在卡匣式录音带中,数码相机诞生。

1978年,David Marr在MIT提出了计算视觉理论,创造了一种自下而上的场景理解方法,从计算机构建的二维草图开始,以获得最终的三维图像。David Marr的工作使计算机视觉有了明确的理论体系,促进了计算机视觉的发展。

20世纪80年代,随着理论和技术的逐渐成熟,机器视觉开始走向应用。1981年,美国通用汽车公司制造的Consight成为加拿大安大略省圣凯瑟琳铸造厂第一个投入生产的机器视觉系统,它成功地以1400件/h的速度从传送带上分拣出多达6种不同的铸件。同在1981年,美国Intelledex公司推出了第一个具有集成机器视觉平台的机器人系统。1985年,日本电报电话公共公司推出了一款名为OCR60的手写汉字OCR阅读器,这是光学字符识别(optical character recognition,OCR)大规模系统应用的第一个例子。

20世纪90年代,机器视觉在制造环境中开始变得越来越普遍,导致了机器视觉产业的形成。1993年,日本科学家赤崎勇和天野浩成功研制出了高亮度的蓝色LED,为LED的商业化应用奠定了基础。同一时期,在传感器功能和控制架构方面取得了进展,进一步提高了机器视觉系统的能力,并降低了其成本。

总结机器视觉的早期发展,或者说在人工智能和深度学习取得突破进展之前机器视觉的发展,主要成就是解决了机器可以看的问题。早期的机器视觉技术可以检测用于定位零件的物体边缘,找到指示缺陷的色差,并辨别指示孔的连接像素斑点,这些相对简单的操作不需要人工智能。然而,早期经典的机器视觉无法读取笔迹,无法解读褶皱的标签,也无法区分苹果和橙子。换言之,文本必须简单而清晰,就像条形码一样,形状必须是可预测的,并符合精确的模式。

尽管如此,经典的机器视觉对制造业产生了巨大的影响。机器不会疲劳,它们可以比人眼更快、更可靠地发现缺陷。此外,机器不受人类视觉限制,专门的机器视觉相机可以使用热成像来检测热异常,并使用X射线来发现微观缺陷和金属疲劳。

1.3.2 机器视觉的发展现状和未来

随着人工智能和深度学习的兴起，以及越来越强大的边缘计算正在从根本上扩展机器视觉的功能，这种能力的快速增长正在引领制造业向智能工厂和工业4.0转型。

人工智能通过深度神经网络模型来增强经典的计算机视觉算法。当计算机接收到图像或视频流时，机器视觉软件将该图像数据与神经网络模型进行比较，并作出判断，这一过程被称为深度学习推理。深度学习使计算机能够识别非常细微的差异，如织物中的微小图案失配和电路板中的微小缺陷。

为了提高准确性和速度，科学家需要为特定应用创建特定的神经网络模型。在这个被称为监督训练的过程中，计算机会审查成千上万个样本，并识别出有意义的模式，包括人类可能检测不到的模式。有一些模型可以检测显示器中的死像素和色差像素，查看焊缝中的空隙，并精确定位织物中的拉线。未来会有越来越多的模型被不断开发和完善。

人工智能正在将机器视觉远远扩展到视觉检测和质量控制之外。有了智能机器视觉，机器人可以进行三维感知，相互固定零件，检查彼此的工作。它们甚至可以与人类同事互动，确保他们安全地进行工作。具有智能视觉的机器可以使用自然语言处理来读取标签和解释标志，可以理解形状、计算体积，并以最小的空间浪费完美地包装箱子、卡车甚至集装箱。

这种从能够自动完成简单任务的机器到能够超越人眼所能看到并能思考的自主机器的转变，将推动工业创新达到新的水平。

1.3.3 我国机器视觉的发展

相较欧美发达国家，我国机器视觉行业起步较晚。20世纪80年代，国内学术界开始机器视觉的研究，陆续有介绍机器视觉和计算机视觉技术的文章发表，并且开始在工业自动化方面获得应用。

20世纪90年代初期，少数机器视觉技术公司开始成立。90年代后期，大量外资企业的产品进入国内，促使机器视觉技术快速发展。

21世纪初期，国内机器视觉行业仍以代理国外品牌业务为主。2005年前后，国内市场快速发展，本土企业越来越多，开始进行具有自主知识产权的机器视觉软硬件产品开发，在系统集成方面新的应用领域也不断扩大，多项技术取得突破。

21世纪10年代，众多的本土机器视觉厂商不断涌现，从光源、镜头、相机、采集卡到机器视觉图像处理软件，创造出了中国自主品牌的产品。随着本土企业的技术日趋成熟，产品日益丰富，2013年我国成为继美国和日本之后的世界第三大机器视觉市场。

21 世纪 20 年代以来，随着我国在深度学习和人工智能技术方面的突破，机器视觉产业的国产化比例不断提升，部分中国品牌产品已经走出国门。与此同时，机器视觉在下游应用领域市场也在不断扩大，我国机器视觉技术与产品已经渗透到各个产业。工业和信息化部等政府部门陆续出台了一系列政策及规范性文件，为我国机器视觉行业提供了良好的政策环境。随着制造装备的智能化水平不断提高，应用场景不断丰富，未来我国机器视觉市场的发展潜力巨大。

1.4 机器视觉的应用领域

机器视觉具有许多实际应用，如检测物体、检测物体缺陷、检测颜色和验证颜色、检测图案和匹配图案、检测包装、对物体进行分类以及读取条形码等。下面列举一些机器视觉系统在制造领域的典型应用。

在汽车行业，机器视觉可以用于检查和确定是否正确使用了胎圈，确保组装的零件不会泄漏并完全密封。这些措施确保了质量，消除了返工、维修和报废，尤其是在制造业中越来越多的零件正在用黏合剂黏合在一起的情况下。机器视觉还可以用于动力传动系统的检查，以确保发动机和变速器正确组装，没有丢失或多出的零件。汽车行业应用的另一个例子是条形码或二维码的读取。发动机和变速箱上有许多零件标记有二维码，这些二维码可以在跟踪过程中的多个节点读取，作为跟踪程序的一部分。同一台摄像机既可以进行检查，也可以读取二维码。图 1.3 所示为机器视觉系统在汽车行业应用的场景。

图 1.3　汽车行业应用场景示例

(https://www.assemblymag.com/articles/95295-auto-industry-drives-new-vision-technology)

在食品和饮料行业，机器视觉系统可以进行检查，以确定瓶子是否装满，以及盖子是否正确地盖到瓶子上。这一过程减少了浪费，同时确保了产品的完整性和安全性，如图 1.4 所示。

图 1.4　食品和饮料行业应用场景示例

(https://www.roimaint.com/en/product/insights-blog-and-expert-articles/machine-vision--in-the-food-beverage-industry)

在太阳能行业中，机器视觉系统可以检查太阳能电池板的组装过程，以确定电池板是否正确建造。这些可以通过检测零件的存在或不存在、位置和测量来完成，从而确保了生产的零件在完成时能够工作，并实现最大效率。图 1.5 所示为机器视觉系统在太阳能行业应用的场景。

图 1.5　太阳能行业应用场景示例

(https://www.vision-systems.com/cameras-accessories/article/16739368/machine-vision-inspects-solar-panels-at-high-speed)

电子行业作为机器视觉领域的核心驱动力，占据了近半数的市场需求份额。机器视觉技术为晶圆切割的精准度、3C 产品表面检测的细致度和触摸屏制造的精细度等提供了强有力的支持。从自动光学检测(automated optical inspection, AOI)到印刷电路板(printed circuit board, PCB)的精确布局，从电子封装的严密性到丝网印刷的清晰度，再到表面组装技术（surface mounted technology，SMT）表面贴装的精准定位，机器视觉技术贯穿始终。图 1.6 所示为机器视觉系统在电子行业应用的场景。

图 1.6 电子行业应用场景示例

（https://epsnews.com/2022/03/14/how-electronics-manufacturers-benefit-from-machine-vision/）

机器视觉可以帮助制药企业实现自动化和智能化生产，提高生产效率和产品质量。机器视觉在制药行业的应用包括药品检测、包装检测、条码识别等。图 1.7 所示为机器视觉系统在制药行业应用的场景。

图 1.7 制药行业应用场景示例

（https://emerj.com/ai-sector-overviews/machine-vision-in-pharma-current-applications/）

此外，在耐用消费品生产行业，如洗碗机、烤箱、冰箱、微波炉的生产中，机器视觉技术可以通过存在、位置、测量和颜色识别工具来确定机器和组件是否正确构建。在紧固件制造中，系统可以检查紧固件，以确保它们正确成形，从而保证质量，使坏零件不会到达最终客户。在塑料注射成型中，机器视觉可以检查并确保被成型的零件完全成型，提高了质量并减少了浪费。

第2章

光源与照明技术

在机器视觉系统中，光源的目的是照亮被检物体，使得被检物体与背景清晰区分开来，从而获得对比度良好的高质量图像，提高系统对目标定位、识别和测量的精度。因此，合适的光源以及良好的照明设计是决定机器视觉系统成败的重要因素。

2.1 光源与照明技术的基本参量

光源与照明技术应用的基本参量包括电气参量、辐射度学参量和光度学参量以及色度学参量3大类，其中，电气参量主要包括适用于所有电器设备的工作电压、工作电流和功率等，这里只介绍后两类参量。

2.1.1 辐射度学参量和光度学参量

辐射度学研究电磁辐射的量度，适用于各种波长的电磁波；光度学仅研究可见光的量度，因此必须考虑人眼的响应，包含了生理因素。这样，对于电磁辐射和可见光就有两类与能量有关的量：一类是测量其客观物理实质的辐射度学参量，另一类是测量其对人眼生理作用的光度学参量。这两种量是一一对应的，用同一种符号表示，用下标e和v相区别，在不致引起混淆的时候，也可以忽略下标。

表2.1列出了辐射度学参量和光度学参量的对应关系。

表2.1 辐射度学参量和光度学参量的对应关系

符号	辐射度学参量		光度学参量		定　义
	名称	单位	名称	单位	
Φ	辐射通量	瓦特(W)	光通量	流明(lm)	单位时间内通过某一面积的辐射能量(光能量)
I	辐射强度	瓦特每球面度(W/sr)	发光强度	坎德拉(cd)	$I=\frac{d\Phi}{d\Omega}$

续表

符号	辐射度学参量		光度学参量		定　义
	名称	单位	名称	单位	
M	辐射出射度	瓦特每平方米(W/m²)	光出射度	勒克斯(lx)	$M=\frac{d\Phi}{dS}$
E	辐射照度	瓦特每平方米(W/m²)	光照度	勒克斯(lx)	$E=\frac{d\Phi}{dS}$
L	辐射亮度	瓦特每球面度平方米(W/(sr·m²))	光亮度	坎德拉每平方米(cd/m²)	$L=\frac{d^2\Phi}{d\Omega dS\cos\theta}$

注：1 lm=1 cd·sr,1 lx=1 lm/m²。

辐射通量 Φ_e 也称为辐射功率,定义为单位时间内通过某一面积的辐射能。辐射强度 I_e 表示点状辐射源在不同方向上的辐射特性,定义为在某一方向上单位立体角内的辐射通量。辐射出射度 M_e 表示面辐射源表面不同位置的辐射特性,定义为单位面积上辐射的辐射通量。辐射照度 E_e 表示被照物体单位面积上所接收的辐射通量。辐射照度与辐射出射度的区别在于前者是从物体表面接收辐射通量的面密度,而后者是从物体表面发射辐射通量的面密度。

辐射出射度只表示面辐射体单位面积发出的辐射通量的多少,而不考虑辐射的方向;辐射强度只表示点辐射源发出的辐射通量在空间不同方向上的分布,而不考虑辐射体的表面面积。为了表示辐射源表面单位面积在不同空间方向上的辐射特性,引入了辐射亮度这一物理量。辐射亮度 L_e 定义为辐射源表面某一点处的面元在给定方向上的辐射强度与该面元在垂直于给定方向的平面上的正投影面积之比。图 2.1 为辐射亮度计算的示意图,图中 $\hat{n}$ 为面元 dS 的法线方向,$\hat{k}$ 为给定方向,θ 为给定方向与面元法线方向的夹角。易知,面元 dS 在与 $\hat{k}$ 方向垂直的平面上的正投影面积为 $dS\cos\theta$,所以

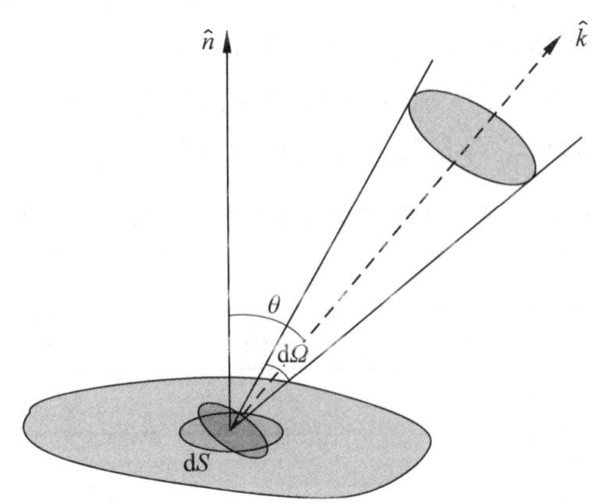

图 2.1　辐射亮度计算示意图

$$L_e=\frac{dI_e}{dS\cos\theta}=\frac{d^2\Phi_e}{d\Omega dS\cos\theta} \tag{2.1}$$

一般而言，各辐射物理量在辐射光谱范围内是按波长分布的，辐射源在单位波长范围内发射的辐射量称为辐射量的光谱密度，亦称为光谱辐射量。光谱辐射量是对应辐射量在指定波长处单位波长间隔内的大小，反映的是辐射量随波长的变化，用符号$X_e(\lambda)$表示，其中X为泛指量，代表Φ、Z、L等所有的光谱辐射量，例如光谱辐射通量为$\Phi_e(\lambda)$。X_e与$X_e(\lambda)$的关系为

$$X_e(\lambda)=\frac{dX_e}{d\lambda},\quad X_e=\int_0^{+\infty}X_e(\lambda)d\lambda \tag{2.2}$$

人眼对不同波长的电磁辐射有不同的灵敏度。用各种波长的单色光分别刺激正常人眼，发现当刺激程度相同时，波长为555 nm的黄绿光的光谱辐射通量$\Phi_e(555)$小于其他波长的光谱辐射通量$\Phi_e(\lambda)$。为此，以$\Phi_e(555)$为标准，定义人眼的视见函数$V(\lambda)$为

$$V(\lambda)=\frac{\Phi_e(555)}{\Phi_e(\lambda)} \tag{2.3}$$

视见函数$V(\lambda)$从数量上描述了人眼对各种波长辐射能的相对敏感度。显然，$V(555)=1$；如果380 nm$\leqslant\lambda\leqslant$780 nm，$V(\lambda)\leqslant 1$；如果$\lambda>$780 nm或者$\lambda<$380 nm，$V(\lambda)=0$。举例来说，$V(740)=2.5\times10^{-4}$，这说明如果用波长为740 nm的红光刺激人眼，则辐射通量（功率）必须是波长为555 nm的黄绿光的4000倍，才能引起相同强度的视觉感受。

上述视见函数针对的是人眼的明视觉，即强光对人眼视网膜上视锥细胞的刺激，所以也称为明视见函数。对于暗视觉，也有相应的暗视见函数。

然而，不同人的眼睛其灵敏度也有差异，为此国际照明委员会（Commission Internationale de l'Eclairage, CIE）从大量人员的观察结果中取其平均值，确定了视见函数的国际标准，如图2.2所示。

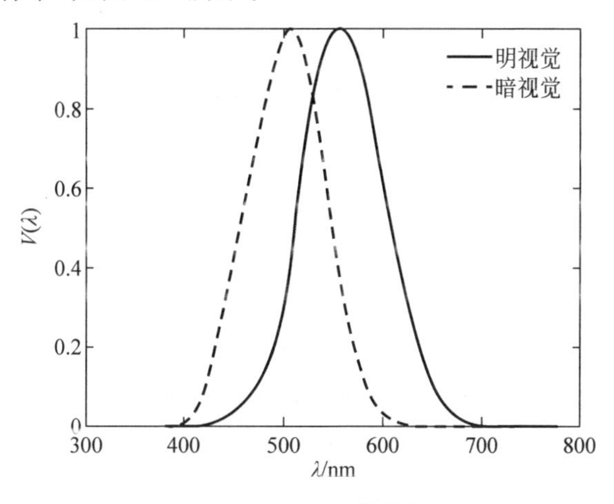

图2.2　视见函数曲线

为了从数量上描述电磁辐射对视觉的刺激强度，引入一个新的物理量，称为光通量。对于波长为 λ 的单色光，光通量 Φ_v 定义为

$$\Phi_v(\lambda)=K_m\Phi_e(\lambda)V(\lambda) \tag{2.4}$$

也就是说，光通量与按视觉刺激来度量的辐射通量成正比，K_m 为比例系数。如果该单色光为人眼所接收，假设人眼对它所张的立体角为 $d\Omega$，可以定义波长为 λ 的单色光的发光强度为

$$I_v(\lambda)=\frac{d\Phi_v(\lambda)}{d\Omega} \tag{2.5}$$

将式(2.4)代入式(2.5)，得

$$I_v(\lambda)=K_mV(\lambda)\frac{d\Phi_e(\lambda)}{d\Omega}=K_mV(\lambda)I_e(\lambda) \tag{2.6}$$

发光强度的单位是坎德拉(cd)，定义为：如果发光体发出频率为 540×10^{12} Hz (对应波长为 555 nm)的单色电磁波，在给定方向上辐射强度为 $\frac{1}{683}$ W/sr，则发光强度为 1 cd。

根据坎德拉的定义，把 $V(555\ \text{nm})=1$，$I_e(555\ \text{nm})=\frac{1}{683}$ W/sr，$I_v(555\ \text{nm})=1$ cd 代入式(2.6)，可得 $K_m=683$ (cd·sr)/W。

由式(2.5)可得

$$\Phi_v(\lambda)=\int I_v(\lambda)d\Omega \tag{2.7}$$

也就是说，光通量是发光强度对立体角的积分，其单位是流明(lm)。如果发光体在某方向上的发光强度为 1 cd，则它在单位立体角内的光通量为 1 lm，即 1 lm=1 (cd·sr)。这样，我们还可以将 K_m 改写为 $K_m=683$ lm/W。

以上讨论是假设光源只辐射单一波长的光，实际光源辐射的电磁波都有一定的波长范围，此时求光度学参量时，应在整个波长范围内进行积分。所以，发光强度为

$$I_v=\int_0^{\infty}I_v(\lambda)d\lambda=K_m\int_{380}^{780}V(\lambda)I_e(\lambda)d\lambda \tag{2.8}$$

光通量为

$$\Phi_v=\int_0^{\infty}\Phi_v(\lambda)d\lambda=K_m\int_{380}^{780}V(\lambda)\Phi_e(\lambda)d\lambda \tag{2.9}$$

光通量和发光强度的关系为

$$I_v=\frac{d\Phi_v}{d\Omega} \tag{2.10}$$

和辐射度学的辐射出射度、辐射照度和辐射亮度相对应的光度学物理量是光出射度、光照度和光亮度，其定义和物理意义是一致的，这里不再重复。

除上述光度学参量以外，发光效率也是光源的一个重要参量。发光效率简称

光效，它是光源每消耗 1 W 电能所发出的光通量，即光源消耗的电能转换成光通量的效率，单位是流明每瓦(lm/W)。表 2.2 列出了一些常见光源的发光效率。

表 2.2 常见光源的发光效率 lm/W

光源	发光效率	光源	发光效率
白炽灯(真空)	7～8	高压汞灯	34～45
白炽灯(充气)	10～13	超高压汞灯	40～47.5
石英卤钨灯	26～28	高压钠灯	90～120
日光色荧光灯	40～50	LED	100～160

2.1.2 色度学参量

光源的色度学参量主要包括色温、相关色温和显色指数。

色温是颜色温度的简称。当发光体和某一温度的黑体有相同的颜色时，则称黑体的温度为发光体的色温。对于白炽灯这样的热辐射光源，其光谱能量分布和黑体一样都是连续光谱，所以可以用色温来描述其光色。

许多人工光源发出的光一般不是连续光谱，与黑体辐射的连续光谱不完全吻合，光源的颜色只是与某一温度黑体的颜色相近，而不可能完全相同，所以常用相关色温(correlated color temperature，CCT)来近似描述其颜色特性。当光源所发出的光的颜色与黑体在某一温度下辐射的颜色接近时，黑体的温度就称为该光源的相关色温。

光源的显色性是指光源能否正确地显现物体颜色的性能。光源显色的标准就是该物体在日光下所呈现的颜色。光源的光谱能量分布决定了光源的显色性。例如，白炽灯具有与日光相似的连续光谱，所以有较好的显色性。

为了对光源的显色性进行定量比较，引入显色指数(color render index，CRI)的概念。一般用日光和近似日光光谱的人工光源作为标准光源，来定义 CRI。

标准光源是一种用于规范颜色检测而定义的人工照明光源。为了在不同的条件下准确评定产品的颜色，CIE 推荐了进行颜色测量时使用的照明光源。常用的标准白光有 5 种，分别称为 A、B、C、D65 和 E 光源。

(1) A 光源：相关色温为 2856 K，代表白炽灯(包括卤钨灯)发出的光。

(2) B 光源：相关色温为 4874 K，近似于中午的日光。

(3) C 光源：相关色温为 6774 K，相当于白天的自然光。因为蓝天的贡献，它的蓝色成分较多。

(4) D65 光源：相关色温为 6504 K，相当于白天平均光照。

(5) E 光源：也称为等能白光，即在可见光谱范围内所有波长的能量均相等，它是一种假想而实际并不存在的光源，采用它只是为了简化颜色的计算，其相关色温为 5455 K。

为了准确地测定光源的 CRI,CIE 用 8 个标准的颜色样品在标准光源和待测光源照射时产生的色差,算出每一颜色样品的 CRI,称为特殊 CRI。如果在待测光源照射下,某一标准颜色样品与在标准光源照射时颜色无变化,则待测光源在这一颜色的特殊 CRI 值为 100。如果上述情况下,标准颜色样品在两者比较后产生了差别,则待测光源对该颜色的特殊 CRI 值就小于 100。这样就可以得到待测光源的 8 个特殊显色指数值。光源的 CRI 就是这 8 个特殊 CRI 的算术平均值,也称为综合 CRI,用符号 R_a 表示。R_a 值越接近 100,光源的显色性越好。表 2.3 列出了几种常见光源的 CRI 值。

表 2.3　常见光源的 CRI 值

光　　源	R_a	光　　源	R_a
白炽灯	99～100	高压汞灯	30～50
氙灯	95～97	高压钠灯	21～23
日光色荧光灯	65～80	LED	50～92
金属卤化物灯	55～85		

2.2　光源的种类

机器视觉系统使用的光源按其工作原理可以分为 3 大类：热辐射光源、气体放电光源和固体发光光源。

2.2.1　热辐射光源

加热物体到使其炽热,物体就会发光,即将热能转换为光能。热辐射光源就是可以将热能转换为光能的光源,其理论基础是黑体辐射理论。

典型的热辐射光源有白炽灯和卤钨灯。白炽灯具有结构简单、价格低廉的优点。白炽灯是低色温光源,色温一般为 2400～2900 K,与日光相比,颜色偏黄。白炽灯的显色性很好,CRI 为 99～100,是最接近太阳光的人造光源。白炽灯的缺点是发光效率低,只有 5～15 lm/W,大部分电能都以热能的形式散失,只有少部分转换为光能；使用寿命短,一般不超过 1000 h。

卤钨灯是填充气体中含有卤族元素或卤化物的白炽灯。卤钨灯与普通白炽灯相比发光效率高,为 12～34 lm/W；寿命比白炽灯长,可以达到 2000～3000 h。卤钨灯的显色性好,CRI 为 95～99；色温范围为 2800～3200 K,比白炽灯冷一些。卤钨灯广泛应用于舞台、影视、展厅以及汽车和航空照明。

白炽灯和卤钨灯与气体放电光源和固体发光光源相比,发光效率低、温度高、寿命短,目前正在被新型光源所取代,在机器视觉系统中已经很少使用。

2.2.2　气体放电光源

气体放电光源就是利用气体放电将电能转换为光能的光源。下面以荧光灯和氙气灯为例,介绍其工作原理。

1. 荧光灯

荧光灯是一种低压放电灯,灯管内充有低压汞蒸气和氩气、氪气等惰性气体的混合气体,灯管内壁涂布荧光粉。荧光粉主要由基质和发光中心两部分组成。基质通常是一种无色、透明、硬度高的离子晶体材料,在这种离子晶体中加进一些激活剂形成适当的发光中心,使其成为有效助发光的物质。荧光粉中的发光中心从外界吸收能量,例如接受紫外线的照射,可以激发到高能级上去,之后在回到低能级的过程中释放吸收的能量而发光。

荧光灯在工作时,先要给电极施加预热电流,使电极产生高温,发射出热电子,产生放电现象,气体中有电流流动。热电子与汞原子碰撞,使汞原子发出波长为253.7 nm 的紫外线,也伴随有波长为 185 nm 的紫外线和少量可见光。紫外线照射管内壁的荧光粉,把紫外线转换为所需要的可见光。因此,荧光灯的发光包含气体的放电辐射和荧光粉的固体光致发光两个基本物理过程。荧光灯的工作原理如图 2.3 所示。

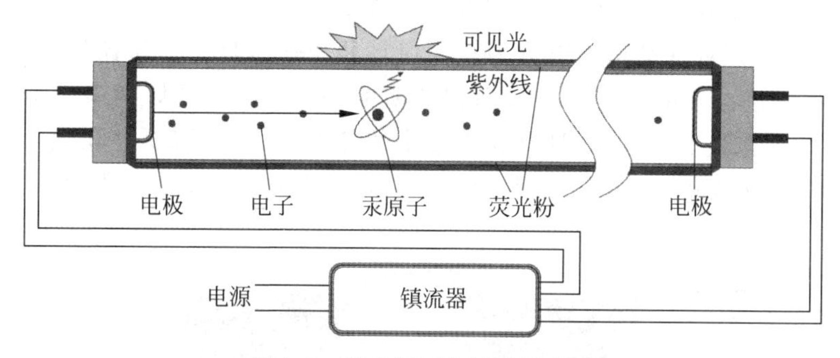

图 2.3　荧光灯工作原理示意图

在荧光灯中也要充一些惰性气体,否则放电很难发生。这是因为荧光灯是一种低压汞灯,气压低使电子的平均自由路程长,而灯管的直径一般较小,绝大多数电子没有和汞原子碰撞就打到灯的管壁上去了,致使汞原子被电离和激发的机会很少,放电很难建立和维持。充入少量惰性气体可以有效提高汞蒸气放电的电离和激发概率。

利用紫外线使固体发光物质激发而发光属于光致发光,荧光灯中的荧光粉在紫外线照射下发光就属于光致发光。当荧光粉受到紫外线照射时,光子被吸收,导致荧光粉发光中心的电子从低能级跃迁到高能级。这些处于激发态的电子不稳定,它们会在返回到低能级的过程中释放出光子。

荧光灯一旦产生放电，电极受到加热，就会释放更多电子，这些电子互相碰撞产生更高的温度。因放电而使汞受激发产生更高的蒸气压，电流再增加。所以荧光灯需要和镇流器配合一起工作，以维持平衡状态。

荧光灯的光谱能量分布与采用的荧光粉的成分有关，为了达到不同目的，可以使用各种不同的荧光粉，从而得到包括与太阳光相似的各种光谱能量分布。三基色荧光粉的发光效率高，可以达到 80 lm/W 以上，CRI 可以达到 85 左右，因而应用广泛。

荧光灯是一种技术成熟的光源，自发明以来几经改进，灯的发光效率和显色指数都有了很大提高，具有结构简单、发光柔和、成本低、寿命长等优点，并且可以根据具体的应用需求灵活进行形状设计，所以在机器视觉领域仍然被大量使用。荧光灯的缺点主要是启动时间较长。

2. 氙气灯

氙气灯是利用高气压或超高气压氙气放电而发光的光源，属于高强度放电灯(high intensity discharge lamp，HID)。氙气是惰性气体中原子序数较大的元素，原子半径较大。在弧光放电中，电子与气体发生弹性碰撞损失的能量与气体的原子量成反比，所以与其他惰性气体相比，氙气弧光放电时损失较少，发光效率较高。氙气灯发出的光谱和日光非常接近，CRI 可以达到 95 以上。氙气灯的色温范围通常在 5500～12000 K，使得它能够产生高亮度的白光。

氙气灯按照灯泡结构可以分为长弧氙灯和短弧氙灯。长弧氙灯通常为管状，电极间距大于 100 mm，适合于大面积照明的场合；短弧氙灯则多为球形或椭球形，电极间距在数毫米量级，具有亮度集中的特点，适合于需要高亮度的特定应用场景，常用于机器视觉系统中的照明。短弧氙灯的结构如图 2.4 所示。

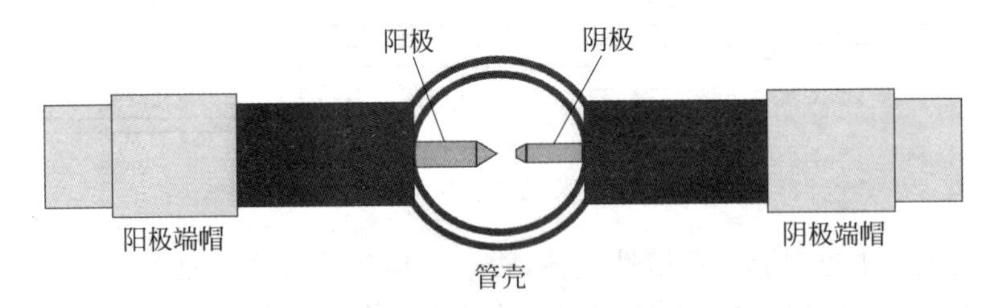

图 2.4　短弧氙灯结构示意图

氙气灯依赖于电弧放电和氙气的激发来产生光。当氙灯接通电源后，电流通过电子整流器被瞬间增压至高电压，产生一个高压脉冲。这个高压脉冲在灯的两个电极之间产生电弧放电，从而激发灯内的氙气分子，使其从稳定的基态跃迁到激发态。当氙气分子从激发态返回到基态时，它们以光子的形式释放出能量。

除连续发光的氙气灯以外，氙气灯还可以制成一种可以在很短的时间内发光的光源，称为脉冲氙灯，它发出的光像闪电一样一闪而过，因此也常称为闪光灯，其工作电路如图 2.5 所示。脉冲氙灯可以在短时间内提供强烈的照明，使得相机能够对运动的物体捕捉到清晰度和对比度都很高的图像。因此，脉冲氙灯非常适合用于需要高亮度照明的高速摄影、闪光摄影和 3D 扫描等机器视觉应用。

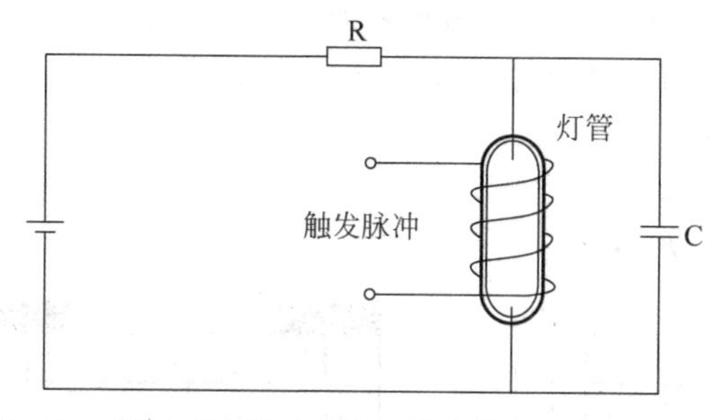

图 2.5　脉冲氙灯工作电路示意图

氙气灯的缺点是需要较高的电压来激发氙气，因此需要使用特殊的电源和电路来提供所需的电压，其供电相对复杂且昂贵。

2.2.3　固体发光光源

固体发光光源是利用固体与电场相互作用而发光的现象制作的光源。LED 是当前世界上产量最高、品种最多、使用范围最广的固体发光光源，也是机器视觉系统中采用最多的光源。

LED 的基本结构是一个由 P 型半导体和 N 型半导体组合而成的二极管，如图 2.6 所示。在 PN 结两端施加正向偏置电压 V 时，N 型半导体中的电子与 P 型半导体中的空穴在 P 区会发生复合，产生光子并以光的形式释放能量。PN 结加反向电压时，少数载流子难以注入，所以不会发光。图 2.6 中，q 为电子电量，V_D 为 PN 结空间电荷区两端的电势差。

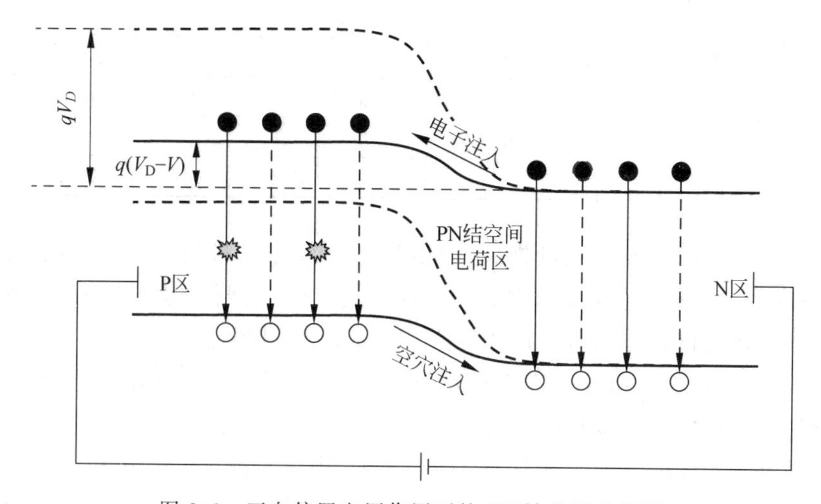

图 2.6　正向偏置电压作用下的 PN 结发光示意图

利用上述 PN 结可以制造 LED。图 2.7 所示为两种典型的 LED 基本结构，一种是在 N^+ 型衬底上外延生长一层 N^+ 型材料，之后在其上再生长 P 型材料。另一种是在 N^+ 型材料上 P 型掺杂扩散形成 P-N^+ 结。由于发光区主要在 P 型层，为了减少光子吸收，P 型层的厚度较薄，只有几微米。连接在 LED 两侧的金属电极用作外部电连接的节点。

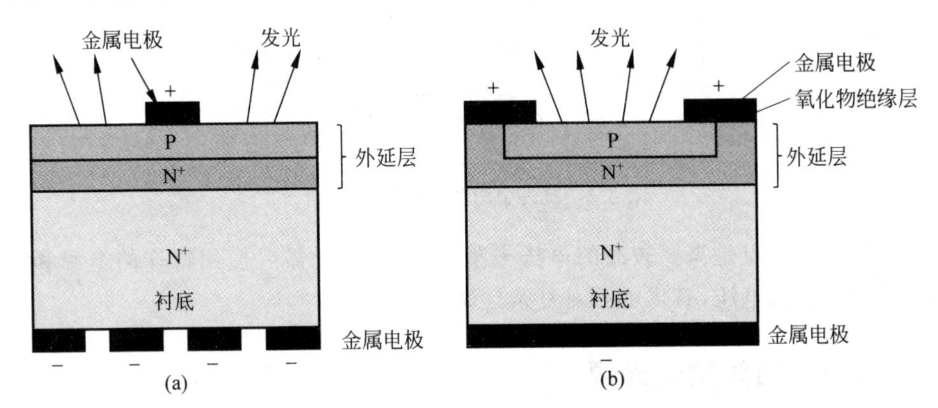

图 2.7　PN 结 LED 结构示意图

(a) 外延生长结构；(b) P 型掺杂扩散结构

由 LED 的发光原理可知，LED 发光是由于电子和空穴的辐射复合而释放能量产生光子。因此，LED 发光的颜色取决于电子和空穴辐射复合释放的能量。表 2.4 列出了常用 LED 芯片材料的发光特性。

表 2.4　常用 LED 芯片材料的发光特性

材　　料	禁带宽度/eV	峰值波长/nm	颜　　色
磷化镓(GaP)	2.24	565	绿
磷砷化镓(GaAsP)	1.84～1.94	620～680	红
氮化镓(GaN)	3.5	440	蓝
砷铝化镓(GaAlAs)	1.8～1.92	640～700	红
砷化镓(GaAs)	1.4	910～1020	红外

显色性是光源重要的质量指标，但由特定半导体材料制成的 LED 都是单色的，显色性差，不能自然地发出白光。实现白光 LED 有两种基本方法：一种方法是通过波长转换材料得到白光；另一种方法是把不同颜色的 LED 芯片封装在同一个器件中，混合射出白光。这两种方法，依据参与混合白光的基色光源的数目，可以分为二基色体系和多基色体系。

两种色光若以适当的比例混合产生白色光，则这两种颜色就称为互补色，例如峰值波长为 459 nm 的紫蓝光和 572 nm 的黄绿光即为互补色光。二基色体系就是利用一对互补色光合成白光，这种合成白光的方式发光效率较高，但是其显色性较差。

采用多种基色光源合成白光的体系称为多基色体系，最常用的是三基色体系，通常选择红、绿、蓝3种颜色做基色。根据三基色原理，任何颜色都可以由红、绿、蓝这3种基色以适当比例混合而成。

波长转换方法是用LED发出的光照射波长转换材料如荧光粉使其发光，LED的光与荧光粉发出的光合成得到白光。有多种方法可以通过波长转换过程从LED产生白光，包括使用蓝光LED加黄色荧光粉、蓝光LED加几种荧光粉，以及紫外线LED加蓝色、绿色和红色荧光粉。

在蓝光LED加黄色荧光粉的波长转换方法中，常用的是氮化铝铟镓(AlInGaN)LED发射蓝色光，照射可以发出黄光的钇铝石榴石(yttrium aluminum garnet，YAG)，并且由此产生蓝光和黄光的混合给出白光的效果，如图2.8所示。这种方法是产生白光的成本最低的方法。

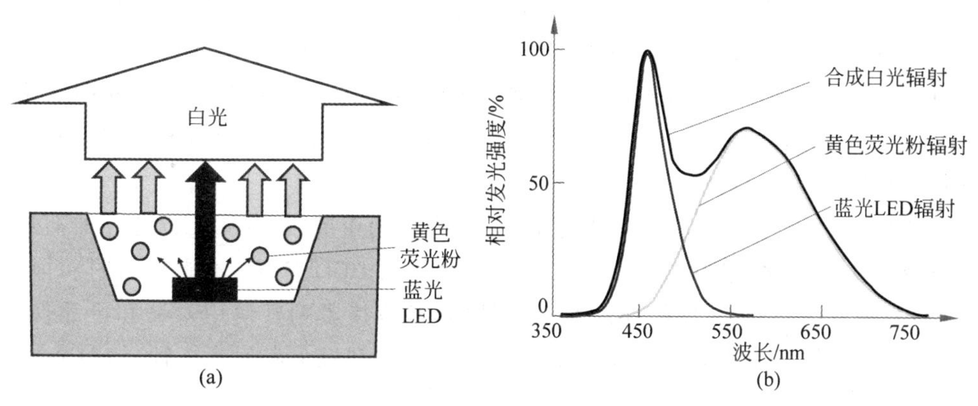

图2.8　蓝光LED加黄色荧光粉的白光LED(见文前彩图)

(a) 芯片结构；(b) 光谱曲线

在蓝光LED加几种荧光粉的波长转换方法中，使用多种荧光粉，当蓝光LED发出的光照射到每种荧光粉上时，它们会发出不同颜色的光，这些不同颜色的光与原来的蓝光结合产生白光。最常使用的是发出绿光和红光的两种荧光粉。使用多种荧光粉代替黄色荧光粉产生白光，在显色性和相关色温方面都比只采用黄色荧光粉具有更宽波长范围的光谱和更好的颜色质量。但是，与只采用黄色荧光粉的工艺相比，该工艺较为昂贵。

第三种波长转换方法涉及将发射紫外线辐射的LED与红色、绿色和蓝色(RGB)磷光体结合使用。LED发出人眼看不到的紫外线辐射，照射在红色、绿色和蓝色磷光体上并激发它们。当这些RGB磷光体被激发时，它们发出的辐射混合在一起提供白光，如图2.9所示。这种白光具有比先前讨论的技术更宽的波长范围的光谱。

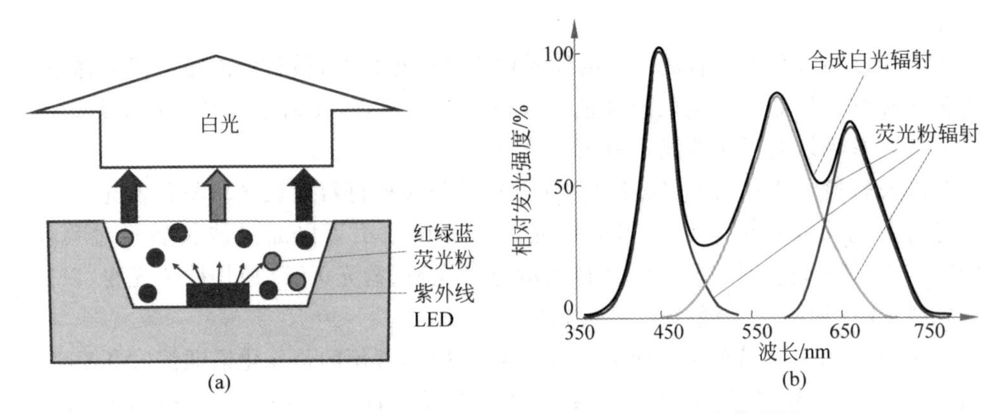

图 2.9 紫外线 LED 加三色荧光粉的白光 LED(见文前彩图)

(a) 芯片结构；(b) 光谱曲线

将发蓝光和黄光的二基色 LED 芯片或红、绿、蓝三色 LED 芯片封装在一起，可以得到相应的二基色、三基色多芯片白光 LED。与荧光粉转换 LED 相比较，多芯片白光 LED 不存在荧光粉的损耗，其发光效率更高，而且避免了荧光粉的老化问题。其缺点是器件结构复杂，成本较高。要得到高的显色指数需要使用较多的 LED 芯片。

LED 芯片只能将电能转化为光能，无法直接用于照明。由 LED 芯片加上封装材料、支持电路、散热结构、金属导线等封装成 LED 灯珠，才能有照明功能。LED 封装不仅影响 LED 的外观和光学性能，还直接影响其使用寿命和可靠性。LED 按封装技术和结构可分为引脚式、表面组装式和板上芯片式 3 种，如图 2.10 所示。

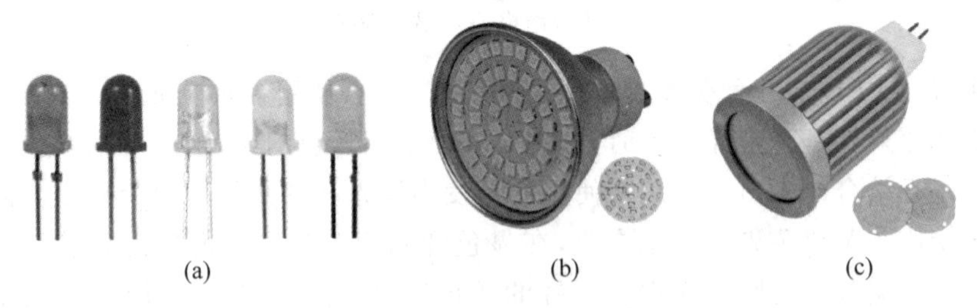

图 2.10 LED 的封装技术

(a) 引脚式封装；(b) SMD 封装；(c) COB 封装

引脚式封装是常见的管径为 3～5 mm 的封装结构，一般用于 20～30 mA 较小的电流和小于 0.1 W 的低功率 LED 的封装，主要用于仪表显示或指示。其优点是价格低廉，缺点在于封装热阻较大，一般大于 100 K/W，散热较差。所谓热阻，是一个对热量在热流路径上遇到的阻力进行描述的物理量，热阻越大，散热越困难。

表面组装式LED简写为SMD LED。SMD是表面安装器件(surface mounted device)的英文缩写,它采用SMT直接将封装好的器件贴焊到PCB表面指定位置上。SMT具有可靠性高、高频特性好、易于实现自动化等优点,是电子行业最流行的一种封装技术和工艺。

板上芯片式LED简写为COB LED。COB是板上芯片(chip-on-board)的英文缩写,它是一种通过粘胶剂或焊料将LED芯片直接粘贴到印刷电路板上,再通过引线键合实现芯片与印刷电路板间电互连的封装技术。同SMT相比,COB不仅有效降低了封装热阻,而且提高了封装功率密度。COB目前主要用于大功率多芯片阵列LED的封装。

LED封装材料的选择对于LED的性能和可靠性也非常重要。常见的LED封装材料有有机材料、无机材料和复合材料等。有机材料主要包括环氧树脂、硅胶等,具有良好的透光性和电绝缘性能。无机材料主要包括氮化铝、氮化硅等,具有优异的导热性能和抗高温性能。复合材料则是有机材料和无机材料的组合,综合了两者的优点。

2.3 光源的形状

针对不同的检测任务,光源可以设计成不同的形状。例如,将LED灯珠排布成环形,就构成了环形LED光源;将LED灯珠排布成一个面,就构成了面形LED光源。光源的形状并不只针对LED光源,各种不同发光原理的光源都可以有不同的形状,例如荧光灯既可以设计成线形也可以设计成环形。但是,因为目前的机器视觉系统大多采用LED光源,所以本书主要介绍LED光源的形状。

2.3.1 环形光源和条形光源

环形光源是将高密度LED灯珠排布成环形,具有非常明亮的光输出。环形光源的灯珠与环形光源的圆心轴可以形成一定的夹角,以不同照射角度直接照射在被测物上,从而避免照射阴影,形成360°无阴影照明,凸显成像特征。环形光源可以结合漫射板使用,使光线更为均匀、柔和。图2.11所示是环形光源的外观及其工作原理。环形光源适用于需要强烈照明的物体,可以突出目标物体之间最小的反射率差异;可以区分漫反射和镜面反射的区域,例如用于压花印章、金属触点、焊点和电路板的检测;并且可以区分具有不同反射强度的印刷符号,例如用于条形码的检测。

条形光源将LED灯珠排布成长条形高密度阵列,主要用于为较大的长方形结构的被检物体提供高强度的表面照明。条形光源的照射角度与安装距离有较好的

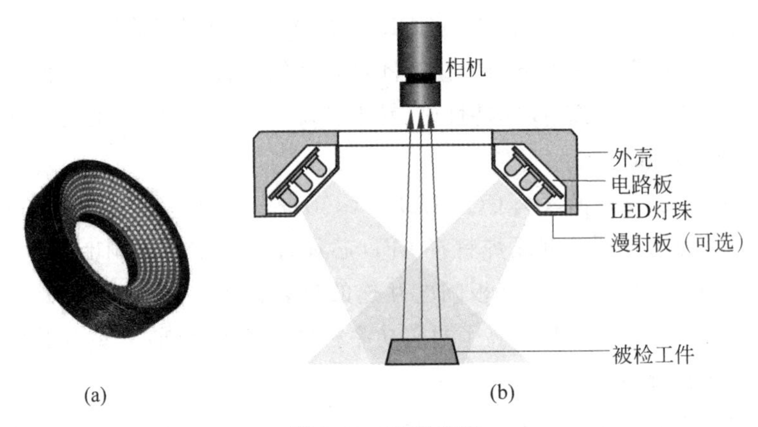

图 2.11　环形光源

(a) 外观；(b) 工作原理

自由度，可以根据实际情况进行调整，也可以将多个条形光源自由组合。条形光源可以以一定角度照射物体，提供最佳的倾斜照明条件，突出物体的边缘特征。图 2.12 所示是条形光源的外观及其工作原理。条形光源的主要应用场景包括产品表面缺陷检测、IC 引脚的成型检查、包装盒印刷检测等。

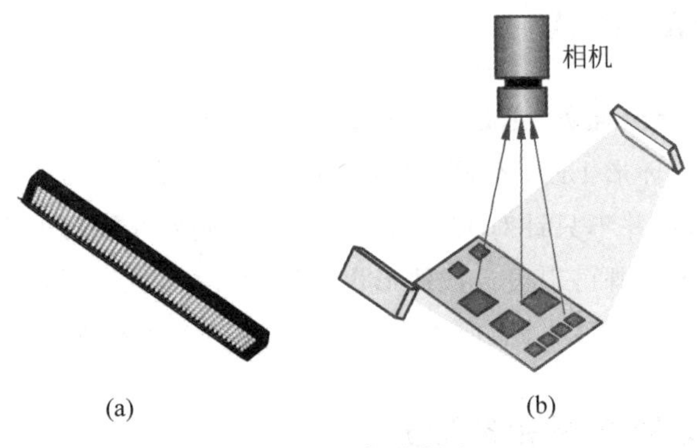

图 2.12　条形光源

(a) 外观；(b) 工作原理

2.3.2　面光源

面光源是将 LED 灯珠排布成一个面，用于大面积照射。面光源一般经过特殊漫透射材料在其表面形成一片均匀的照射光，具有更好的均匀性，光线柔和自然，亮度高。面光源一般放置于物体底部用于背向照明，可以用来突出透明物体的内部特征或者突出不透明物体的外形轮廓特征。图 2.13 所示是面光源的外观及其工作原理。采用背向照明的面光源的应用场景包括机械零件尺寸测量、电子元件和 IC 的外形检测、胶片污点检测以及透明物体划痕检测等。

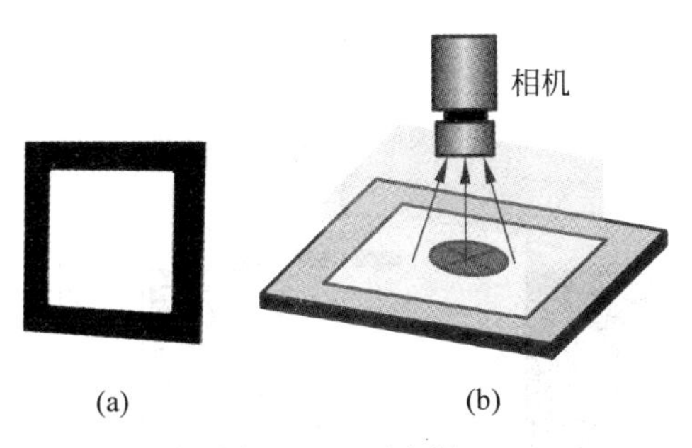

(a)　　(b)

图 2.13　面光源

(a) 外观；(b) 工作原理

开孔面光源是在面光源中心部位开有圆形或方形的孔，主要用于前向照明配合相机使用，如图 2.14 所示。开孔面光源适用于四边形工件的外形尺寸测量以及识别大型 PCB 零件上的字符等。

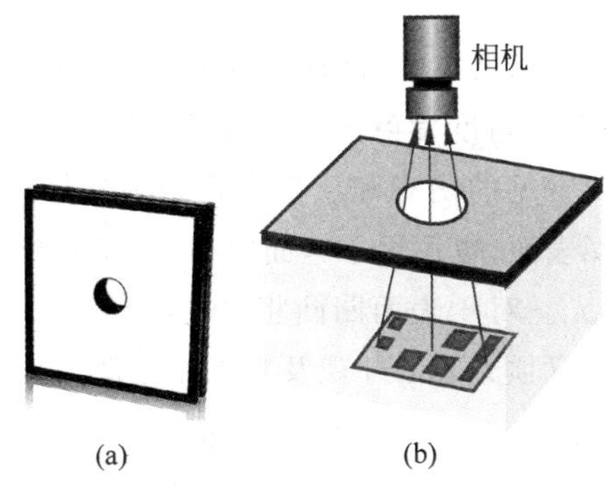

(a)　　(b)

图 2.14　开孔面光源

(a) 外观；(b) 工作原理

2.3.3　同轴光源和穹顶光源

同轴光源主要由高密度 LED 和分光镜组成。LED 发出的光经过分光镜后向下照射被检工件，相机从上面通过分光镜拍摄被检物体。来自 LED 的光被分光镜反射，等效于 LED 直接在反射镜后面的一个虚拟发光表面处发光，所发出的光和相机在同一轴线上，从而可以有效消除物体表面不平整引起的阴影。同轴光源适合照射表面反光极高的物体表面，例如金属表面、手机屏等，可以检测其上的微小凹坑、划痕、裂纹、毛刺、凸起等缺陷。同轴光源也适用于表面由反射、吸收特性不同的材料组成的目标物体的检测，例如二维码识别、丝印定位、芯片字符检测和饮料瓶口检测等。图 2.15 所示是同轴光源的外观及其工作原理。

穹顶光源也称为积分球光源，属于间接照明。积分球是一个中空的金属球体，其内壁涂有漫反射材料，例如氧化镁(MgO)或硫酸钡($BaSO_4$)。由于上述涂层的

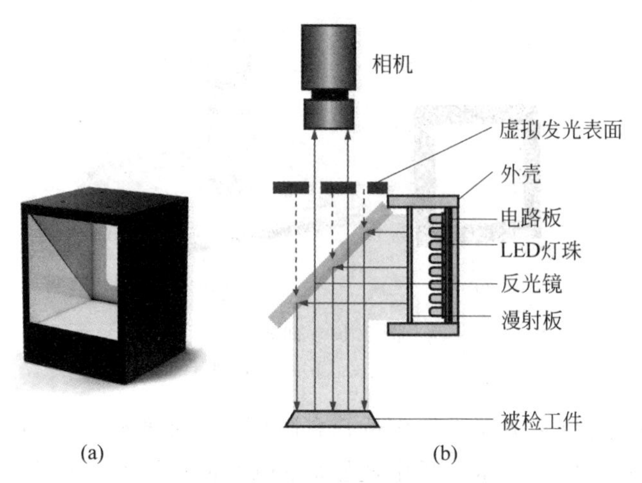

图 2.15 同轴光源

(a) 外观；(b) 工作原理

反射性质遵循朗伯余弦定律，所以 LED 灯珠发出的光线利用特殊的积分球结构及其内部的漫反射涂层向各个角度发射漫反射光线，从而在被测物体表面形成均匀照明，避免了一般照明所常见的阴影和反射不均匀等劣势。穹顶光源适用于高反射表面，例如金属或玻璃表面，也适用于弯曲的物体，如凝胶片、轴承、圆柱形物品，可以最大限度地减少眩光。对于表面凹凸粗糙的物体，穹顶光源也可以减少阴影的干扰。图 2.16 所示是穹顶光源的外观及其工作原理。

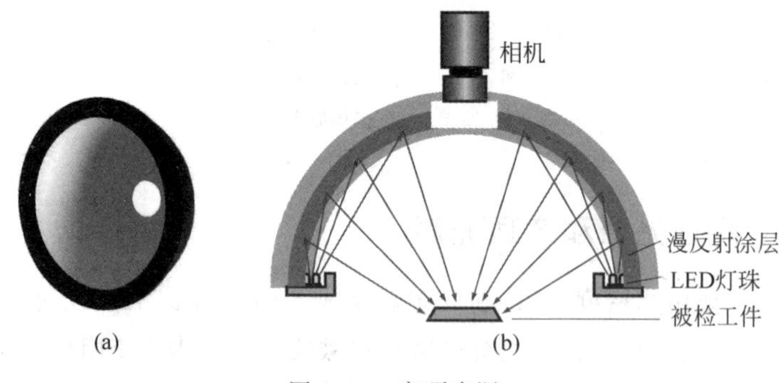

图 2.16 穹顶光源

(a) 外观；(b) 工作原理

2.3.4 点光源

点光源(spot light)采用大功率 LED 灯珠和聚光技术，可以发出强度高、面积小的点光。对于微小元件的检测和识别，点光源可以提供足够的光亮，使物体表面更容易被检测到。图 2.17 所示为点光源的外观和剖面图。点光源的聚光镜还可以采用多透镜可调焦距设计,从而在不同工作距离下调整到最合适的亮度和光斑尺寸,应用范围更广。

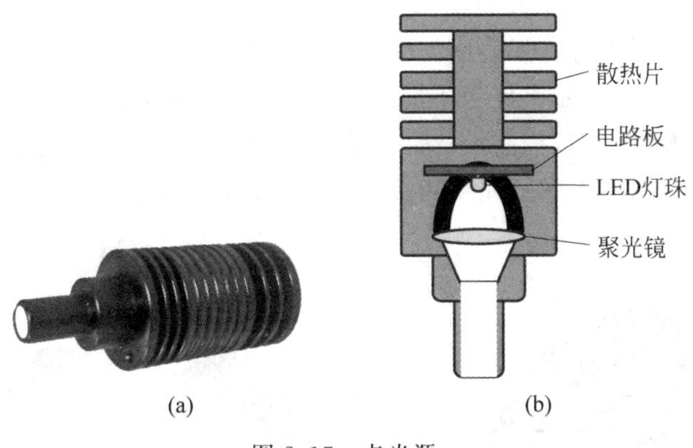

图 2.17 点光源

(a) 外观; (b) 剖面图

点光源的主要应用包括药品检测、镜片刮伤检测、IC 字符检测和标记点定位等。点光源经常配合带同轴功能的远心镜头使用,可以在物体表面形成清晰的图像,有利于准确地测量物体的尺寸和形状。关于远心镜头的工作原理,请参考第 3 章。点光源的应用示例如图 2.18 所示。

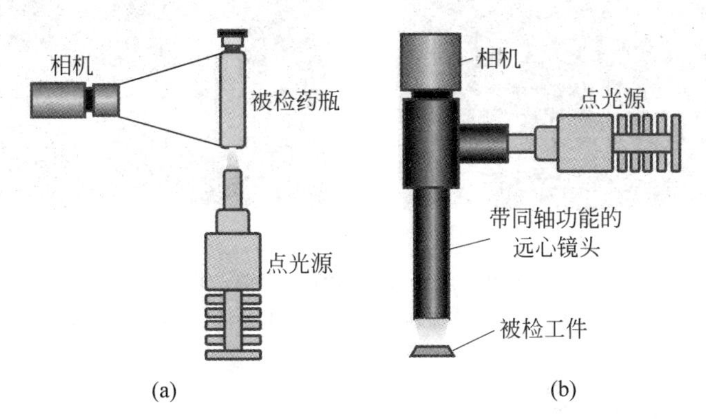

图 2.18 点光源的应用示例

(a) 药品检测; (b) 配合远心镜头使用

2.3.5 AOI 光源

AOI 光源是专门用于检测 PCB 元器件焊接质量的专用光源。PCB 是用于支持和连接电子元器件的板状物。将电子元器件,包括电阻、电容、电感、IC 等通过焊接或插接的方式固定在 PCB 空板上的过程称为印刷电路板组装(printed circuit board assembly,PCBA)。在电子制造业中,PCBA 测试是关乎电子产品质量和性能的关键环节。在这一环节中，AOI 技术发挥着越来越重要的作用。AOI 是一种自动化的 PCBA 检测技术，大幅提高了检测的准确性和效率，避免了人工检查中可能出现的疏漏和错误。AOI 光源采用红、绿、蓝三色光或者红、绿、蓝、白四色光，以不同的角度照射焊点等特征表面。因为不同颜色的光在焊点表面形成的反射角度不一样，所以在焊点表面表现为不同层次的颜色带，从而突显出焊点的三维信息。AOI 光源可以检测 PCB 板漏件、错件、偏斜、漏焊、虚焊等各种缺陷。图 2.19 所示是 AOI 光源的外观、工作原理及其检测到的部分缺陷示例。

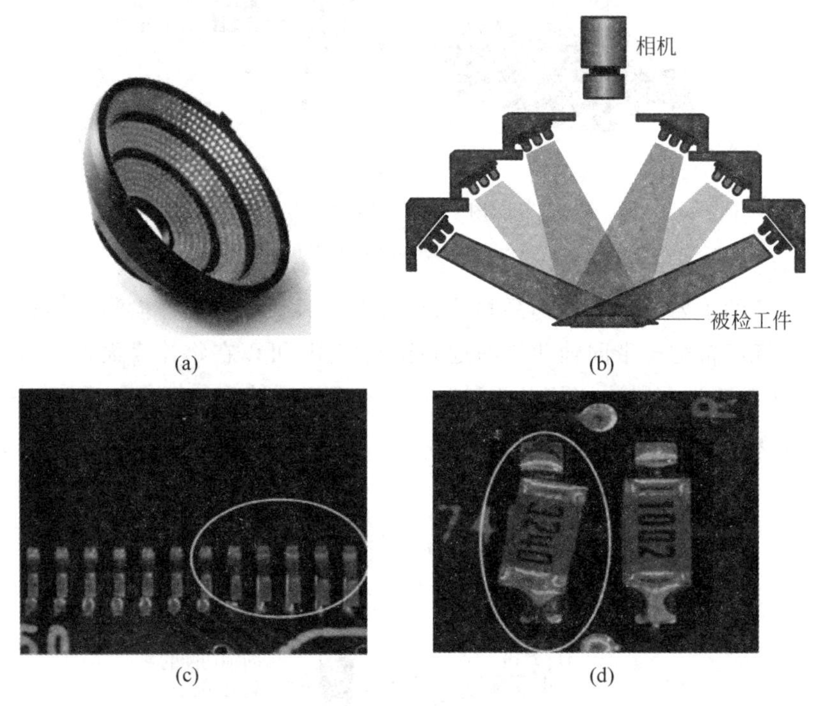

图 2.19　AOI 光源(见文前彩图)

(a) 外观；(b) 工作原理；(c) 引脚浮起缺陷；(d) 歪斜缺陷

2.3.6　线形光源

以上各种形状的光源都是针对面阵相机使用的，对于线阵相机而言，线形光源则是其专用照明光源。线形光源采用大功率高亮 LED 灯珠横向排布，利用柱面透镜聚光，亮度高，长度可以根据需求定制，适用于各种流水线连续检测场合。线形光源的应用场景包括大幅面印刷品表面缺陷检测、大尺寸工件精密测量、丝印检测等。线形光源既可以用于前向照明，也可以用于背向照明。图 2.20 所示是线形光源的外观及其在背向照明方式下的工作原理。

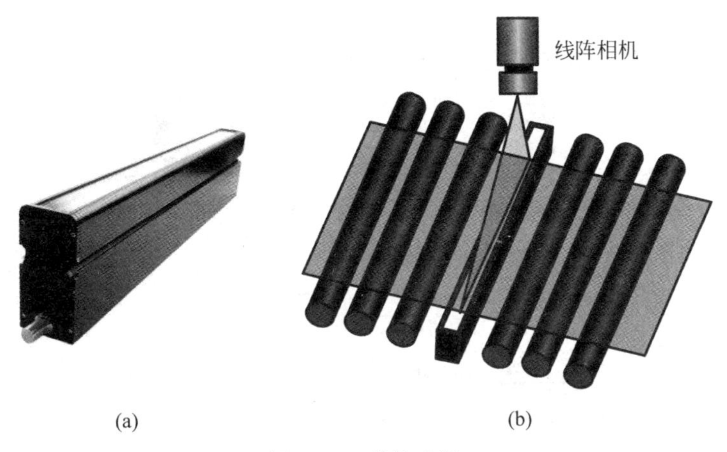

图 2.20　线性光源
(a) 外观；(b) 工作原理

2.4　照明技术

在机器视觉系统中，照明的目的是克服环境光的干扰，突出被测工件，使相机获得清晰可辨的图像，降低图像处理算法的难度和视觉检测系统的复杂度。良好的照明设计，对于机器视觉系统至关重要，甚至直接关系到整个系统的成败。在实际应用中，照明技术的变化非常多，针对不同的照明对象，需采用不同的照明方式突出被检测对象的特征，有时可能需要采取几种方式的结合，往往需要大量的试验才能找到最佳的照明方式。

2.4.1　直射光照明和漫射光照明

直射光照明就是光源发出的光没有遮挡而直接照射物体，被检物体在直射光的照射下，受光面的亮度较高，背光面的亮度较低，因此反差较大，容易产生阴影。直射光照明又可分为正向照明、侧向照明和背向照明。正向照明也称为前向照明，光源位于被摄物体的正上方或正前方，被检物体受光均匀明亮，阴影少，但是图像的对比度往往较差；侧向照明的光源位于被摄物体的侧面，能产生强烈的明暗对比，有利于突出物体表面的凹凸；背向照明的光源则位于被摄物体的背面，适用于突出被检物体的轮廓，也可以用于透明或半透明物体的检测。

漫射光照明属于间接照明，光源发出的光并不直接照射物体，而是透过一定密度的漫射介质或经漫反射材料反射，再将柔化后的光线照射到被摄物体上。漫射光的特点是平淡柔和，无明显的方向性，受光面和背光面过渡自然，没有强光的干扰，不产生阴影，画面中没有明显的明暗区分。2.3.3 节介绍的穹顶光源是一种常用的漫射光源，此外环形光源、条形光源、面光源等也可以加装漫射板实现漫射光照明。

直射光照明和漫射光照明的工作原理如图 2.21 所示。

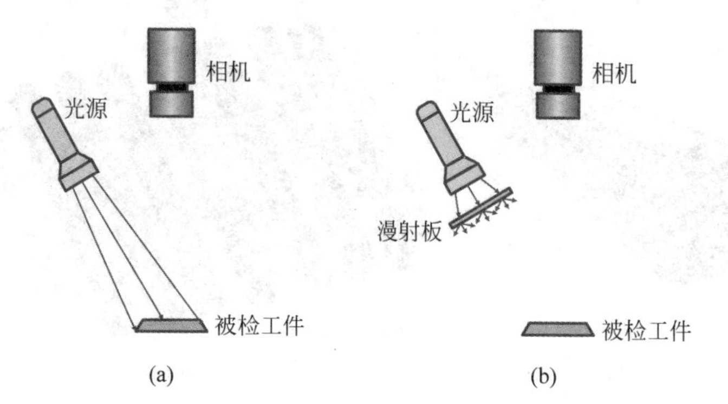

图 2.21　直射光照明和漫射光照明工作原理示意图

(a) 直射光照明；(b) 漫射光照明

对于同一个物体，在直射光照明和漫射光照明之下所得到的图像可能存在显著的差别，如图 2.22 所示。

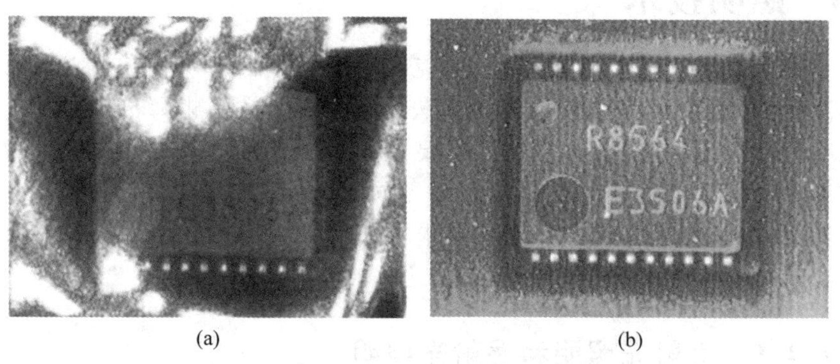

图 2.22　直射光照明和漫射光照明效果对比

(a) 直射光照明；(b) 漫射光照明

2.4.2　前向照明和背向照明

前向照明是常规的照明方式，它将光源和相机放置于被测物体的同侧，主要用于检测物体表面的特征，2.3 节中涉及的多数工作场景都是前向照明方式。

对于观测透明物体或半透明物体内部特征的应用，例如检测玻璃或织物的瑕疵、检测瓶子液位等，前向照明方式不能很好地工作，在这种情况下可以采用背向照明方式。背向照明也称为透射照明，它将光源和相机放置于物体的两侧，光源照射物体的背面，相机则对物体的正面进行成像，如图 2.23 所示。

图 2.24 所示为利用前向照明和背向透射照明检测无纺布上的异物的效果对比。

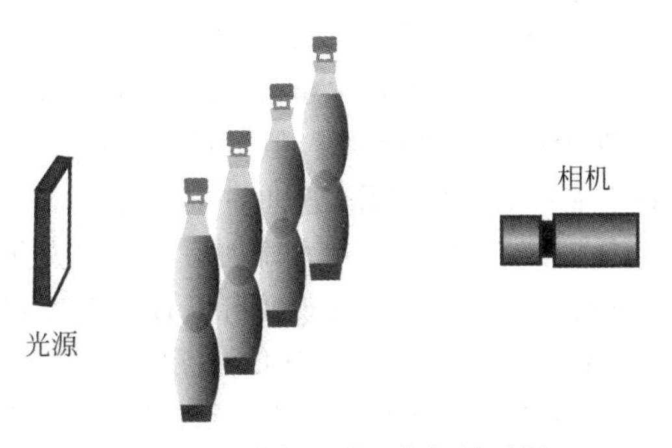

图 2.23　背向照明工作场景示例

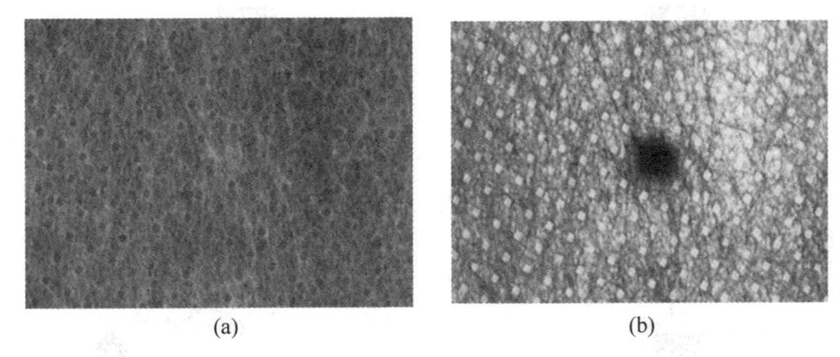

(a)　(b)

图 2.24　半透明物体前向照明和背向照明效果对比

(a) 前向照明；(b) 背向照明

背向照明也可用于检测不透明物体，它可以将物体透光的和不透光的部分区分开来，透光的部分呈高亮，不透光的部分呈黑色，从而得到黑白对比分明的图像。此时工件的表面特征丢失，但是可以清晰地得到工件的轮廓信息，从而方便检查物体是否存在孔洞以及进行尺寸测量等。图 2.25 是对印刷电路板在前向照明和背向照明方式下所获得图像的对比，对于该电路板进行过孔检测的应用而言，显然背向照明方式更加合理。

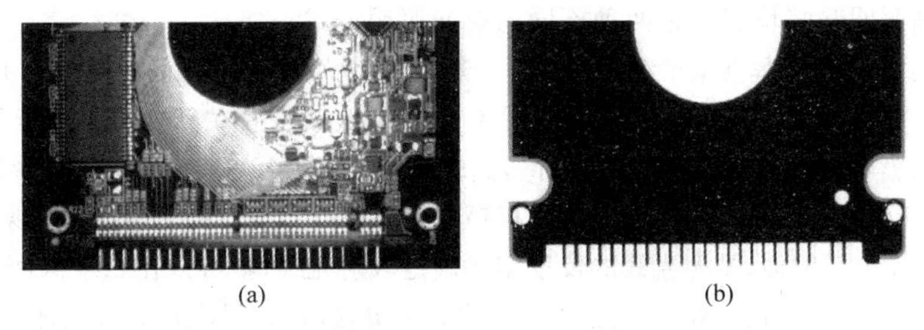

(a)　(b)

图 2.25　不透明物体前向照明和背向照明效果对比

(a) 前向照明；(b) 背向照明

背向照明还可以分为背向中心照明和背向斜射照明两种形式，如图 2.26 所示。背向中心照明是最常用的背向照明方式，其特点是照明光束的中轴与相机的光轴在同一条直线上。背向斜射照明光束的中轴与相机的光轴形成一定的角度，斜照在物体上。背向中心照明对应于日常摄影的正逆光拍摄，被摄主体表面会产生一层轮廓光，从而勾勒出被摄主体的轮廓，但是对于检测透明物体内部的瑕疵来说，背向中心照明有时不能很好地发挥作用，此时可以尝试背向斜射照明。利用背向斜射照明检测透明物体内部的瑕疵，其基本原理是丁达尔效应。当一束光线穿过黑暗的房间时，从垂直于入射光的方向进行观察可以看到空气中出现了一条光亮的灰尘通路，这种现象就是丁达尔效应。采用背向斜射照明检测透明物体，光源发出的光透过透明物体后，光线不能直接进入相机镜头，因而视野是黑暗的。但是透明物体内部的瑕疵会使入射光发生散射从而进入相机镜头，使瑕疵在暗的背景中明亮可见。

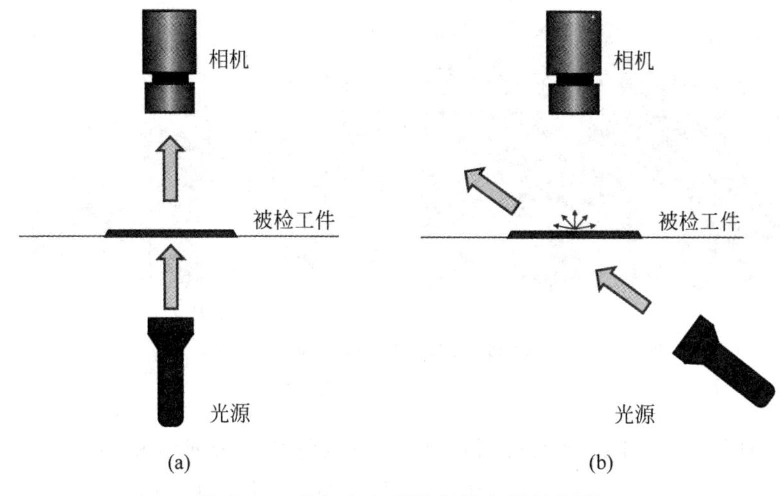

图 2.26 背向中心照明和背向斜射照明

(a) 背向中心照明；(b) 背向斜射照明

2.4.3 明场照明和暗场照明

明场照明和暗场照明是两种不同的前向照明方式。

在相机成像过程中，光线可以进入镜头的最大角度范围称为视场(field of view，FOV)，目标物体超过这个角度就不会被镜头成像。关于 FOV 对于机器视觉系统的影响将在第 3 章进一步讨论，这里只是用 FOV 来定义明场和暗场。如图 2.27 所示，浅色阴影区域确定了相机镜头的 FOV，以 FOV 的边作为反射光线，以工作面作为反射面，按照光线的反射定律确定入射光线，就可以在二维截面中创造出一个字母 W 的形状。W 边界之内的区域称为明场，W 边界之外的区域称为暗场。

明场照明是光源位于明场的照明方式，入射光经被检工件反射后的反射光可以进入相机镜头。明场照明能够提供明亮的照明，光线分布均匀，有益于形成清晰的图像。

明场照明根据光束的方向性还可以分为全明场照明和部分明场照明。全明场

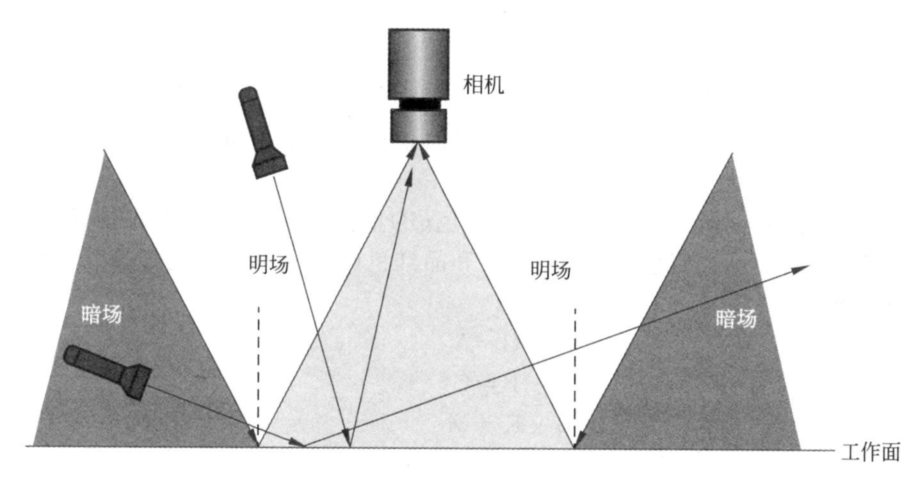

图 2.27　明场照明和暗场照明

照明是一种漫射光照明方式,光源从多个方向照射物体表面,产生无方向性的柔和的反射光。同轴漫射光源、穹顶光源和面光源等都可以进行全明场照明。全明场照明适用于镜面物体的检测,图 2.22 显示了全明场漫射光照明消除被检物体表面镜面反射不利影响的效果。但是,全明场照明对于物体表面比较细小的凸起和破损不容易看清楚。

部分明场照明是一种直射光照明方式,光源从某一个角度照射物体,可以照亮物体表面,同时表面的损伤也能呈现更多的阴影,实现损伤与背景的对比。点光源、环形光源和条形光源等都可以实现部分明场照明。部分明场照明不适用于光亮物体的检测,因为容易在反光表面形成镜面反射,使相机镜头收到大量的反射光,导致图像中出现眩光,影响图像质量。

暗场照明是光源位于暗场的照明方式,从图 2.27 中可以看到,暗场照明入射光的入射角度很低,大部分入射光被反射到远离相机镜头的地方,从而在镜头中形成黑暗的背景;而工件表面凹陷或凸起的地方,反射光的角度会发生偏离,有更多反射光可以进入相机镜头,从而产生更亮的成像,这样就形成了高对比度。所以为了更好地观察缺陷或表面变化,通常首选暗场照明,如图 2.28 所示。

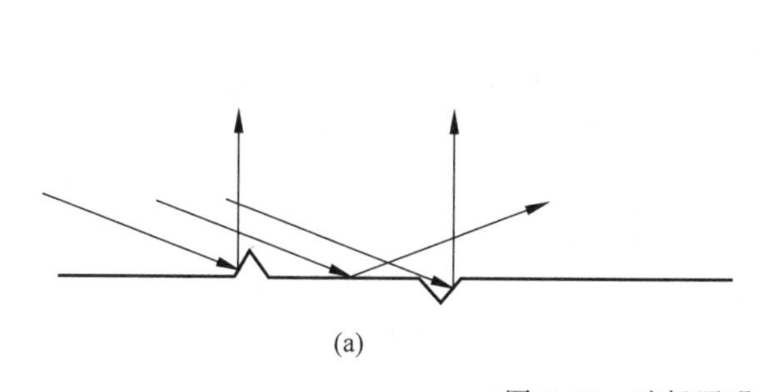

(a)

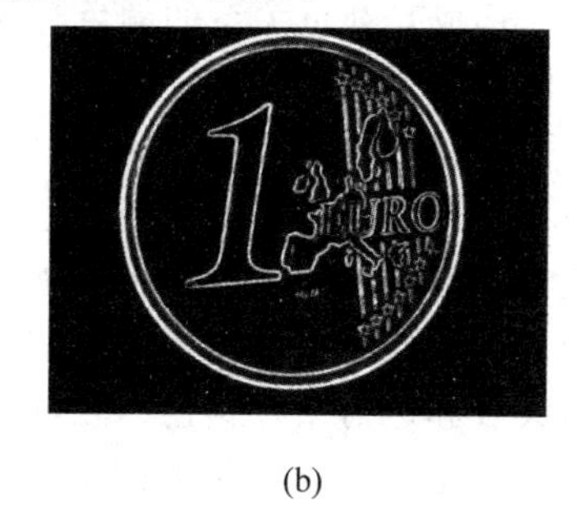

(b)

图 2.28　暗场照明

(a) 暗场照明原理;(b) 暗场照明效果

2.4.4 彩色照明技术

在机器视觉系统的照明方式中，合理运用光源的颜色，能够取得白光照明无法实现的特殊效果。

光的三基色为红色(R)、绿色(G)和蓝色(B)，将3种基色光两两等量混合，可以得到3种中间色，即黄色(Y)、青色(C)和品红色(M)，3种基色光等量混合则得到白色(W)，即

$$\left.\begin{array}{l} R+G=Y \\ G+B=C \\ B+R=M \\ R+G+B=W \end{array}\right\} \tag{2.11}$$

上述颜色之间的关系如图2.29所示。由式(2.11)可知，R+G+B=Y+B=W，这说明黄色光和蓝色光混合，也可以产生白色光，因此黄色和蓝色是一对互补色。这正是实现白光LED的二基色体系经常采用峰值波长为459 nm的蓝光和572 nm的黄光合成白光的根据。除黄色和蓝色是一对互补色以外，从图2.29可以得知，红色和青色、绿色和品红色也是互补色。

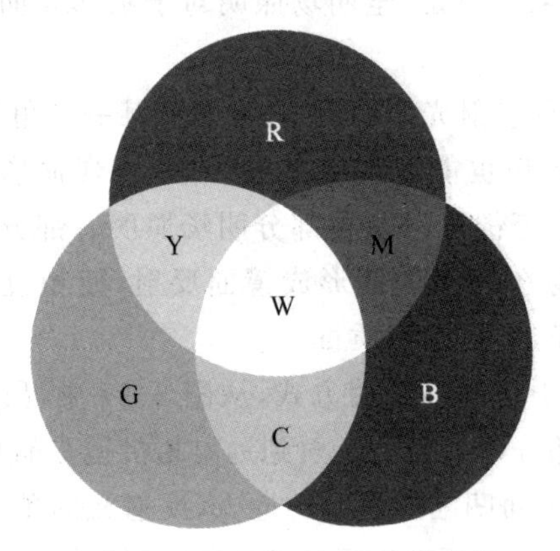

图2.29 颜色的互补(见文前彩图)

构成互补色关系的颜色有很多，并不仅限于以上几对。只要两种颜色混合后形成白色光，它们就是一对互补色。

物体的颜色是由它所反射或透射的光的颜色决定的。对于不透明物体而言，它在白光照射下呈现某种颜色，是由于它仅选择性地反射这种颜色而吸收了与其互补的颜色；对于有色透明物体而言，它仅能选择性地透过特定的颜色，而其补色则在透射的过程中被物体吸收了。若透明物体是无色的，原因是它并不会选择性地吸收和透射某种颜色的光，而是除少数光被反射外，大多数光均透过物体。

正是由于物体对不同色光选择性的反射、透射与吸收，所以在机器视觉应用中，合理运用彩色光源的颜色，就可以获得特殊的效果。光线照射在工件上时，工件只反射与自身颜色相同的光，若照射在互补色工件上则完全不反射。例如，红光

照射红色工件时，由于红光完全被反射，因此在黑白相机中工件成像为白色；红光照射青色工件时，由于红光完全不反射，因此在黑白相机中工件成像为黑色。

图2.30所示为检测工件表面划痕的应用。可以看到，使用红光照射时，线条模糊不清；使用蓝光照射时，可以清楚地看到线条，从而得到理想的效果。

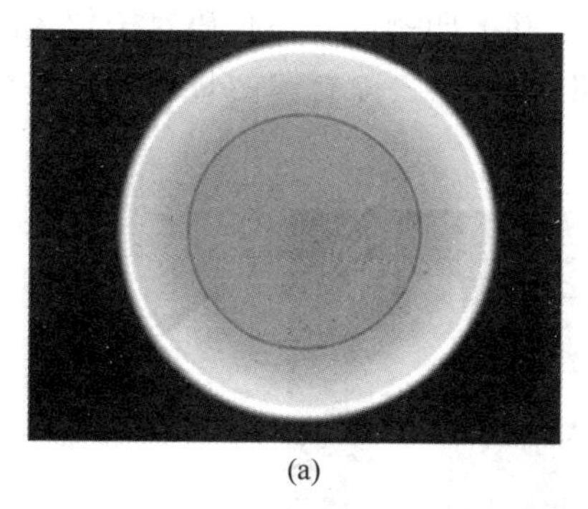
(a)

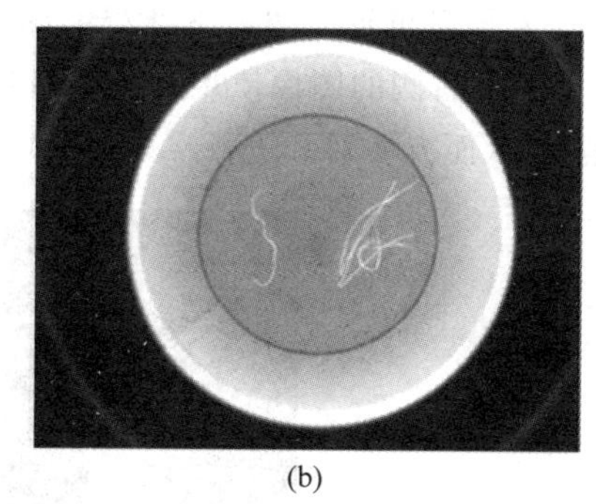
(b)

图2.30　彩色照明
(a) 红光照射；(b) 蓝光照射

2.5　非可见光光源与照明

大多数机器视觉应用使用可见光范围的电磁波进行照明和成像，但是由于包括红外和紫外在内的非可见光具有可见光所不具备的某些特性，所以少数机器视觉应用将光的使用扩展到红外和紫外区域，主要是近红外和近紫外区域。

机器视觉采用的红外光谱范围主要集中在近红外波段，波长在700～2000 nm。红外光源主要发出人眼不可见的红外光，为机器视觉系统提供照明，以便在夜间、低光照、排除可见光干扰等条件下进行图像采集。虽然人眼无法看到红外光，但是可以通过特定的红外相机或具有红外线感应能力的相机对红外光进行捕捉和成像。

近红外光源目前使用最多的是LED和卤钨灯。LED光源的优点是发热低、耗电低，与卤钨灯相比寿命长。但是，LED光源很难检测较宽的波长范围。卤钨灯与LED光源相比，波长更宽；其缺点在于寿命短、发热量高。

大量使用可见光难以或无法实施的应用可通过近红外成像完成。当使用近红外成像时，水蒸气、硅、部分化合物、塑料等特定材料均为透明的，这为原材料检测应用提供了独特的选择，如硅片表面和内部的成像缺陷。此外，红外光在食品领域也有广泛应用，例如区分调味料、盐、糖等，检测水果内部是否有坏损，区分水和油，区分不同的塑料物质等。

这里给出一些利用近红外进行检测的示例。如图2.31(a)所示，在左侧的可见光图像中，无法检测到洗涤剂瓶中的液体；在右侧的近红外图像中，由于红外光可以穿透塑料，所以瓶中液体的液位清晰可见。如图2.31(b)所示，在左侧的可见光图像中,苹果的外观颜色一切正常,无法检测到其内部的变质;在右侧的近红外图像中,由于红外光比可见光有更强的穿透性,所以苹果内部的变质清晰可见。如图 2.31(c)所示,在 20 美元的钞票上,有一个带形的防伪标记,在左侧的可见光图像中,无法检测到该标记;在右侧的近红外图像中,防伪标记清晰可见。如图 2.31(d)所示,左侧是可见光照射下获得的图像,其上印刷的日期代码对于加热圈的检查构成干扰;右侧的图像使用红外线灯照明,可以去除打印的日期代码并突出显示加热圈,从而方便对其进行检查。

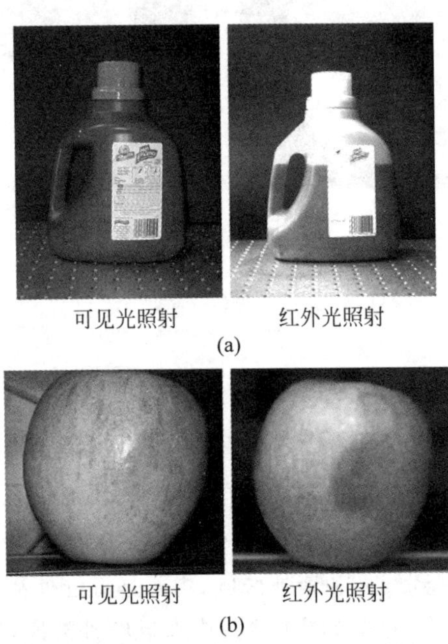

可见光照射　　红外光照射

(a)

可见光照射　　红外光照射

(b)

可见光照射　　红外光照射

(c)

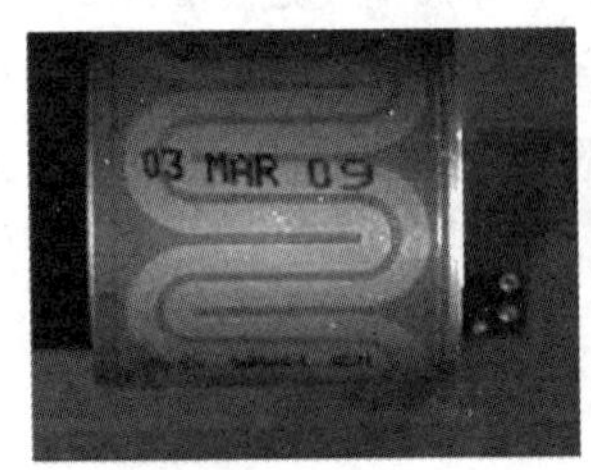

可见光照射　　红外光照射

(d)

图 2.31　近红外检测应用示例

(a) 洗涤剂瓶中液位检测;(b) 水果品质检测;(c) 钞票防伪检测;(d) 加热圈检测

紫外线是波长为 10～400 nm 的电磁辐射，其中 300～400 nm 范围称为近紫外波段，又分为 UV-A(315～400 nm)和 UV-B(280～315 nm)两个子波段，机器视觉中常用的紫外波长位于 UV-A 波段。

近紫外光源主要有 LED、近紫外荧光灯和汞弧灯。近紫外荧光灯和汞弧灯都属于气体放电光源。近紫外荧光灯和常见的荧光灯原理相近，区别在于所发出的光的波长范围在近紫外波段。近紫外荧光灯的应用目前主要集中在珠宝鉴定行业以及纺织领域。汞弧灯是封装有汞的、两端有电极的透明石英管，通电加热灯丝时，管内的汞蒸气受到激发跃迁至激发态，由激发态回到基态时即发射紫外光。在机器视觉应用中，最常用的紫外 LED 的发射波长为 365 nm 和 395 nm。

紫外光在机器视觉应用中，可以用于检测用可见光无法检测到的特征。由于紫外光能被许多材料吸收，所以可以捕获产品表面的图像；并且由于紫外光具有比可见光更短的波长，因此能被产品的表面特征散射。

这里给出一些利用近紫外光进行检测的示例。图 2.32(a)所示为发动机机油瓶上荧光标签的检测，左侧的图像由 660 nm 的红色环形灯照亮；在右边的图像中，瓶子被紫外线荧光灯照亮，从中可以清晰地看到可见光图像中不可见的字符。在图 2.32(b)中，白色塑料瓶上的白色胶水在左侧可见光图像中很难看清；在右侧的近紫外图像中，白色的胶水清晰可见。图 2.32(c)所示为轴承润滑脂的检测，右侧的图像是用紫外光照射轴承并测量反射的荧光，可以比左侧可见光图像更容易检测出润滑脂的存在。

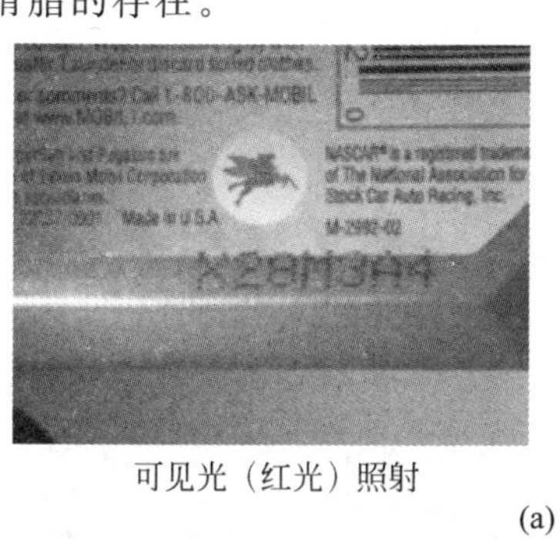

可见光（红光）照射

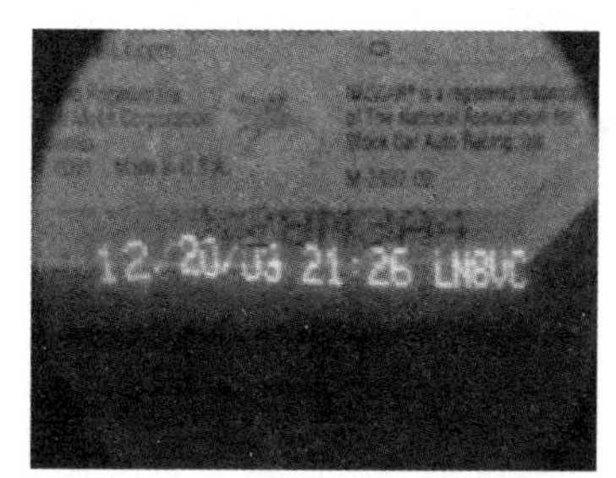

紫外光照射

(a)

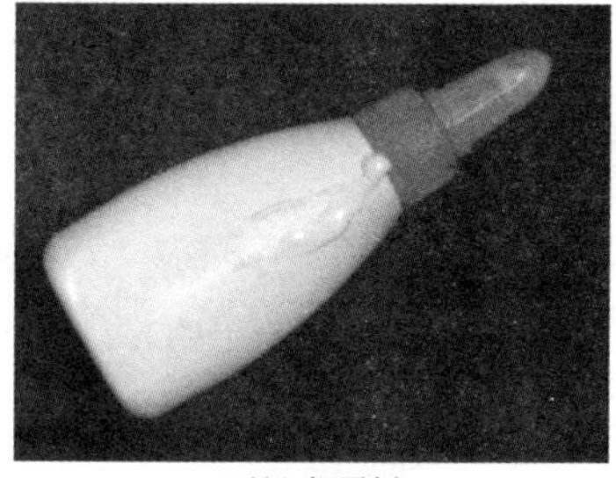

可见光照射

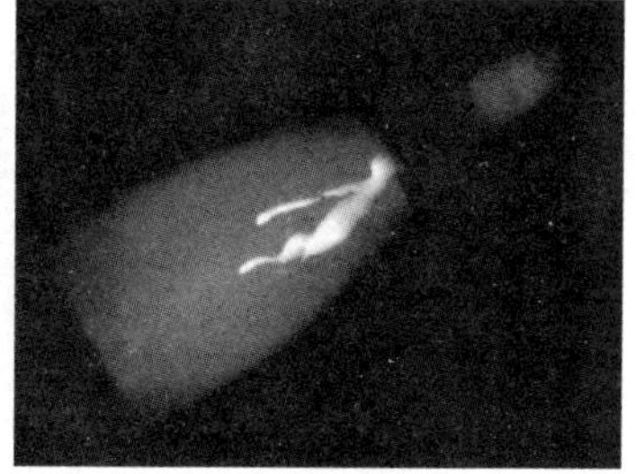

紫外光照射

(b)

图 2.32　近紫外检测应用示例

(a) 发动机机油瓶上荧光标签检测；(b) 胶水检测；(c) 轴承润滑脂检测

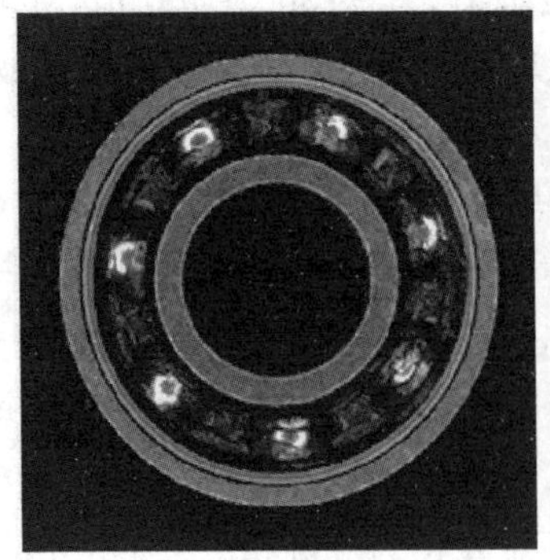

可见光照射

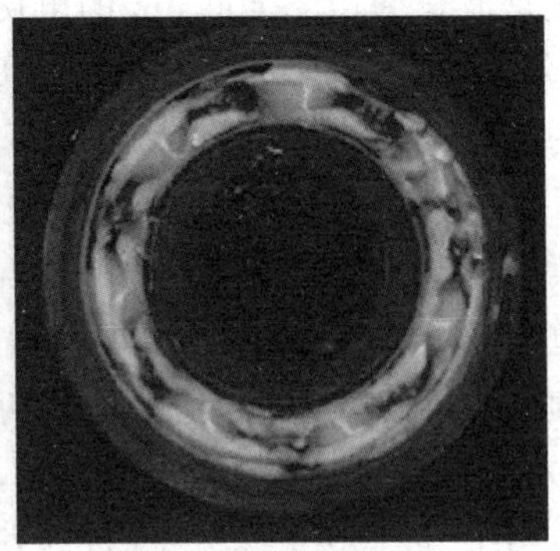

紫外光照射

(c)

图 2.32 （续）

第3章

光学成像与工业镜头

镜头是摄影物镜的俗称，它的作用是将目标在图像传感器的光敏面上清晰地成像。工业镜头在机器视觉系统中发挥着关键的作用，它直接影响获取图像的质量，进而影响机器视觉系统的整体性能。

3.1 工业镜头概述

工业镜头主要用于工业机器视觉领域，因此需要具备较高的抗振、防水、防尘等性能，以确保在复杂的工业环境中稳定工作。工业镜头由光学系统和机械装置两部分组成。光学系统负责将目标物体在图像传感器上成像，机械装置则包括镜筒、光圈调节环、对焦环以及与相机连接的机构等，如图3.1所示。

图3.1　工业镜头

工业镜头在外观上与民用数码相机镜头有一定的区别，它一般包括光圈调节环和对焦环，为了防止误碰动，这两个环都有锁定螺钉。工业镜头大多是定焦镜头，没有民用变焦镜头的变焦环。与民用镜头广泛采用卡口式安装座与相机连接不同，工业镜头采用螺纹式安装座，包括C接口和CS接口两种标准，详见第4章。

工业镜头一般需要手动调节光圈，光圈调节环即用来调节光圈，其上一般标有光圈的 F 数。对焦环用来调节焦点的位置，确保被摄物体在像平面上清晰成像，这一过程会发生像距和物距的改变，所以对焦环上一般标有物距。

工业镜头的基本参数包括焦距、光圈、视场、景深、分辨率、对比度等。

3.2 镜头成像的基本原理

镜头的核心是光学系统，它由一系列不同形状和不同介质的光学元件组成，其中最主要的是透镜，有些特殊的镜头也包括反射镜和棱镜等。光学元件的材料有玻璃、水晶和树脂等。光学系统的作用是构成正确的物像关系，获得被摄物体正确且清晰的影像。镜头成像的基本原理基于几何光学成像理论。

3.2.1 物点和像点

成像就是利用折射和反射等光学作用将物的信息再现，形成像。物（object）是实际存在的物体，具有物理形态，能够发出或反射光线；像（image）是从物发出的光线经过光学系统形成的图像。物和像都由点构成，称为物点和像点。

在光学系统中，物和像具有相对性，有虚实之分。实物点和实像点是指有光线实际发自或通过该点，而虚物点和虚像点仅仅是由光的直线传播性质给人眼造成的一种错觉，实际上并没有光线经过该点。在图 3.2 中，括号表示一个光学系统，A 表示物点，A'表示像点。在图 3.2(a)和(b)中，A 是实物点，入射光线由它发出；在图 3.2(c)和(d)中，A 是虚物点，因为入射光线在尚未会聚到该点之前就与光学系统相遇而改变了方向，所以光线并不经过该点，它只是入射光线延长线的交点。在图 3.2(a)和(c)中，A'是实像点，出射光线实际会聚到该点，如果将一观察屏置于 A'处，将在屏上形成一个亮点；在图 3.2(b)和(d)中，A'是虚像点，它是出射光线反向延长线的交点，出射光线并不经过该点。虚像点不能在屏上显示出来，但可以通过眼睛观察到。

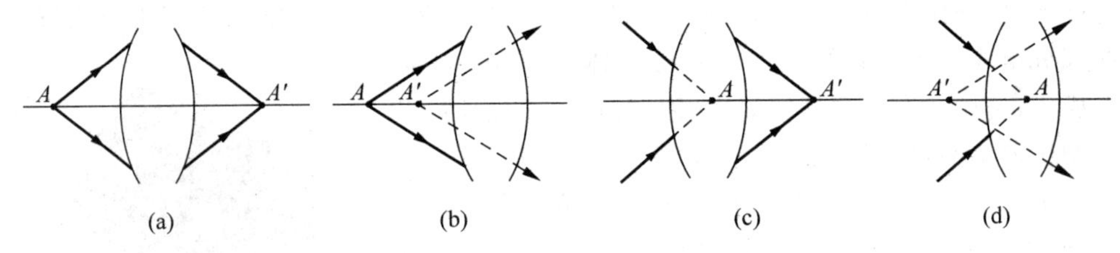

图 3.2 实/虚物点和实/虚像点

物点，包括实物点和虚物点，其所有可能位置组成的空间称为物空间，也称为物方；像点，包括实像点和虚像点，其所有可能位置组成的空间称为像空间，也称为像方。

绝大部分光学系统都有一条对称轴，这样的光学系统称为共轴系统，对称轴称为主光轴或主轴。球面具有设计简单、便于加工的优点，所以目前广泛使用的光学系统大多数是共轴球面光学系统。共轴球面光学系统中如果使用了轴对称非球面元件，一般使非球面元件的对称轴与系统的主轴重合。

具有一定关系的光线的集合称为光束，同心光束和平行光束是光学系统中两种重要的光束。同心光束的所有光线都交于同一点，平行光束的所有光线都交于无穷远点。如果同心光束的中心为实物点，则称此同心光束为发散光束；如果同心光束的中心为虚物点，则称此同心光束为会聚光束。从同心光束的观点来看像点，会聚光束的中心是实像点，发散光束的中心是虚像点。

3.2.2 薄透镜

透镜是光学系统最主要的光学元件，它由两个共轴折射曲面包围某种透明介质所形成。如果曲面为球面的一部分，则称为球面透镜，习惯上所说的透镜都是指球面透镜。球面透镜有多种，如图3.3所示。图中前3个中心厚而边缘薄，为凸透镜，亦称为正透镜；后3个中心薄而边缘厚，为凹透镜，亦称为负透镜。

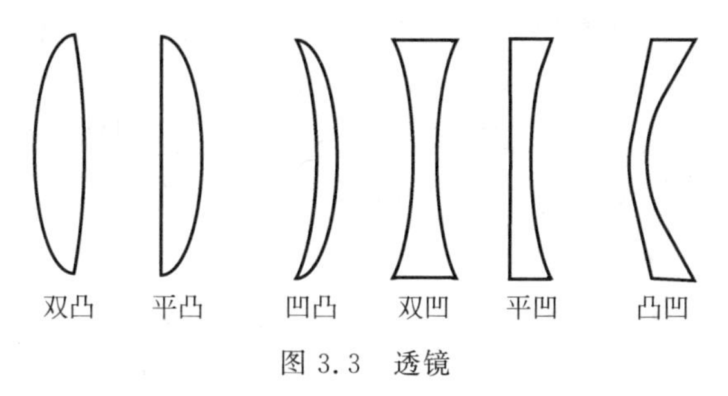

图3.3 透镜

透镜中心厚度与它的焦距比较可以忽略者称为薄透镜，不可忽略者称为厚透镜。镜头中的透镜一般都是薄透镜。

3.2.3 透镜组成像

实际应用的工业镜头的光学系统一般是由若干薄透镜组合而成的一个透镜组，它的光学性质由一些特征点和特征面确定。

如果从主轴某一物点发出的入射光线经过镜头之后射出的光线与主轴平行，则称该点为镜头的物方焦点，记为 F。过物方焦点垂直于主轴的平面称为物方焦平面。如果平行于主轴的入射光线经过镜头之后射出的光线会聚于一点，则称该点为镜头的像方焦点，记为 F'。过像方焦点垂直于主轴的平面称为像方焦平面。物方焦点到物方主点的距离称为物方焦距，记为 f。像方焦点到像方主点的距离称为像方焦距，记为 f'。当镜头工作在空气中时，物方焦距和像方焦距绝对值相等，符号相反。

主面是镜头中非常重要的一对与光轴垂直的特征平面，包括物方主面和像方主面。射入物方主面的光线会以同样的高度从像方主面射出。主面与光轴的交点称为主点，物方主点记为 H，像方主点记为 H'，如图3.4所示。两个主点间的距

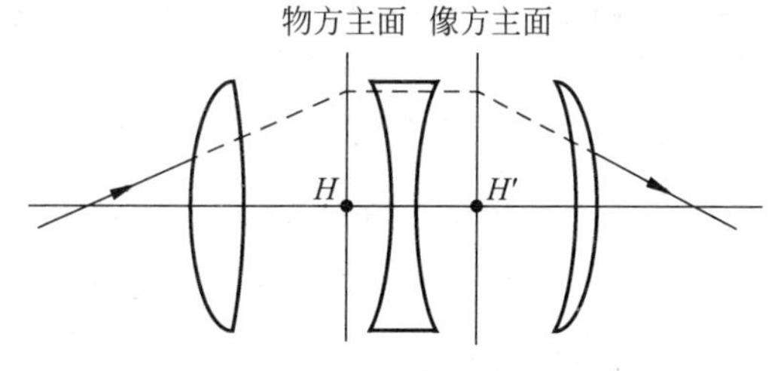

图3.4 主点和主面

离称为主点间隔，记为 d。当物像间距远大于主点间隔 d 时，可以将主点间隔忽略不计，此时透镜组的两个主面重合，透镜组就变成了一个薄透镜。

绝大多数射入镜头的光线都以不同于入射角度的角度射出，但是在镜头的光轴上存在一对特征点，可以保证射入其中一个点的光线必从另一个点以相同的方向射出，这一对特征点称为节点，如图 3.5(a)所示。物方光线射入的节点称为物方节点，记为 N；像方光线射出的节点称为像方节点，记为 N'。通过节点并与光轴垂直的平面称为节面，包括物方节面和像方节面。镜头结构不同，也有可能出现物方节点在后、像方节点在前的情况，如图 3.5(b)所示。由节点的特性可知，当镜头围绕节点转动时，被摄物所成像的透视关系变化最小，因此，应当把镜头的旋转位置放到节点上。当镜头工作在空气中时，主点与节点重合。

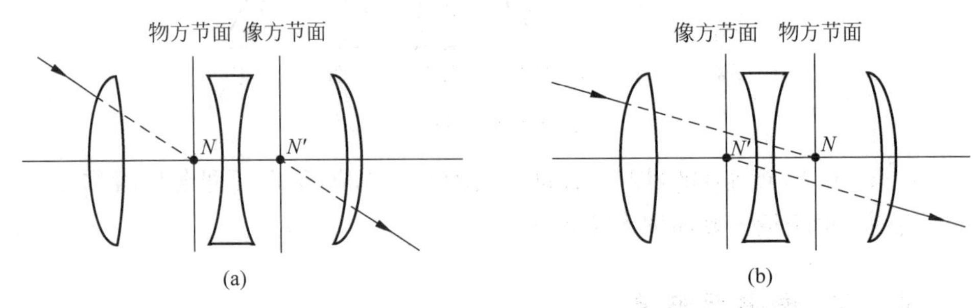

图 3.5 节点和节面

镜头的光学特性由焦点、主点与节点这 3 组特征点的位置确定。由于在空气中节点与主点重合，因此在空气中镜头可以只标注主点的位置，省略节点。图 3.6 为镜头的特征点和特征面示意图。

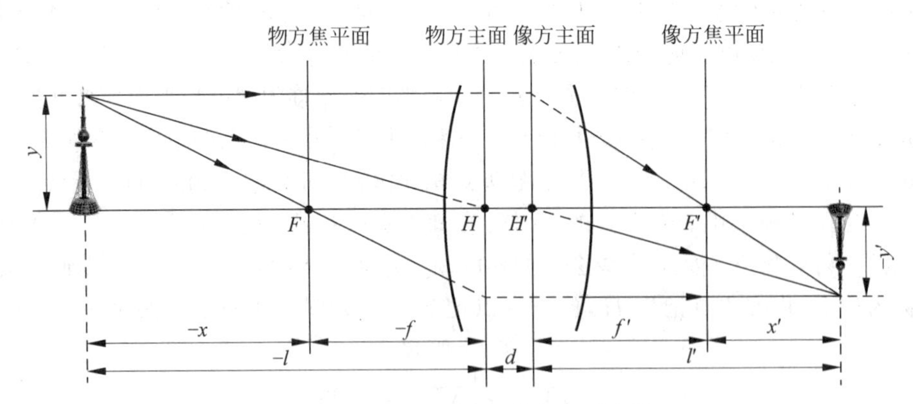

图 3.6 镜头的特征点和特征面示意图

镜头的基本光学性质由上述特征点和特征面确定，所以可以用图解法确定镜头的物像关系。如图 3.6 所示，可以通过 3 条特殊光线确定物像之间的关系：

(1) 平行于主轴的入射光线，通过镜头后必经过像方焦点；

(2) 通过物方焦点的入射光线，通过镜头后必平行于主轴；

(3) 射向物方节点的入射光线，从像方节点以同样的方向射出。

为了定量描述物像关系，规定符号法则如下：

(1) 一律选取光线从左向右传播。

(2) 距离度量从主点和主轴算起，向右、向上的距离为正，向左、向下的距离为负。

(3) 角度以锐角度量，由主轴转到光线或者由光线转到法线，约定沿顺时针方向转量值为正，沿逆时针方向转量值为负。

(4) 在图上出现的距离和角度均用正值表示，凡是为负值的量在其前面标以负号。

在确定物距和像距时，既可以从物方和像方主点算起，也可以从物方和像方焦点算起。物点从物方焦点算起的物距记为 x，像点从像方焦点算起的像距记为 x'，如图 3.6 所示。在图 3.6 中，设物高为 y，像高为 y'，利用三角形相似的关系可知，$\frac{-f}{-x}=\frac{-y'}{y}=\frac{x'}{f'}$，所以可以得到光学系统的牛顿物像方程：

$$xx'=ff' \tag{3.1}$$

由图 3.6 可知，$x=l-f$，$x'=l'-f'$，其中 l 和 l' 分别为从物方和像方主点算起的物距和像距，代入式(3.1)，整理可得光学系统的高斯物像方程：

$$\frac{f}{l}+\frac{f'}{l'}=1 \tag{3.2}$$

定义薄透镜组的横向放大率为

$$\beta=\frac{y'}{y}=\frac{l'}{l} \tag{3.3}$$

如果 β 为正值，成正立虚像；如果 β 为负值，成倒立实像。如果 $|\beta|>1$，成放大的像；如果 $|\beta|<1$，成缩小的像。在工业机器视觉系统中 $|\beta|$ 称为光学放大倍率，这是一个重要参数，对于目标检测和图像处理的精度至关重要。

镜头对被摄物体所成的像应该落在图像传感器的光敏面上，或者是传统相机的胶片上，这样才能记录下清晰的图像。然而由式(3.1)或式(3.2)可知，对于不同距离的物体，其所成像的像距是不同的。为了得到清晰的图像，需要调节镜头与图像传感器之间的距离，从而改变像方焦点的位置，这便是对焦，工业镜头上的对焦环就用于这一目的。牛顿物像方程中的 x' 是像平面和像方焦面之间的距离，所以也称为调焦量。对于无穷远处的物体，像成在像方焦面上，像距和焦距相同，像平面和像方焦面重合。

3.2.4　理想光学系统

前面关于透镜组成像的规律是一种理想情况。例如，前面提到平行于主轴的入射光线经过透镜组折射后必会聚于像方焦点，而实际情况并非如此。实际的光学系统存在像差，关于像差，将在 3.4 节进行讨论，这里只总结理想光学系统的特性。

理想光学系统是一种假设的光学系统，它能够对全部三维空间场景清晰成像。理想光学系统成像理论由高斯于 1841 年创立，所以也称为高斯光学。

理想光学系统所成的像是完善像，或称为理想像。理想像的基本特性包括：

(1) 点成点像。对于物空间中的每一个点，在像空间有且只有一个点与之对应，这两个对应的点称为物像空间的共轭点。

(2) 直线成直线像。对于物空间中的每一条直线，在像空间有且只有一条直线与之对应，这两条对应的直线称为物像空间的共轭线。

(3) 平面成平面像。对于物空间中的每一个平面，在像空间有且只有一个平面与之对应，这两个对应的平面称为物像空间的共轭面。

上述点对点、直线对直线、平面对平面的共轭关系，称为共线成像。由上述特性不难推出，如果物空间中某个点位于一条直线上，那么其在像空间中的共轭点必位于该直线的共轭线上。同样，物空间中的一个同心光束必对应于像空间中的一个同心光束。

在实际光学系统的近轴区域，光线与主轴的夹角 θ 非常小，可以近似认为 $\sin\theta \approx \theta$。在这种情况下可以近似满足共线成像理论，因此，在进行光学系统设计时，往往以其近轴区的成像性质来衡量该系统的质量。

3.3 镜头中的光束限制

在前面的讨论中，没有对光束的大小和成像范围加以限制。实际光学系统只能在一定空间范围和一定光束孔径的条件下成满意的像，为此需要对光学系统中的光束进行限制。光束限制通过光阑实现，光学系统中的光阑有多种，其中最重要的是孔径光阑和视场光阑。

3.3.1 孔径光阑和光圈

孔径光阑简称孔阑，它是决定光学系统轴上物点成像光束大小的光阑。例如，在如图 3.7 所示的光学系统中，有两个光学元件：透镜 L 和带孔屏障 D，对于图中的轴上物点而言，带孔屏障 D 起着限制光束大小的作用，所以是孔径光阑。孔径光阑的形状一般是圆形。

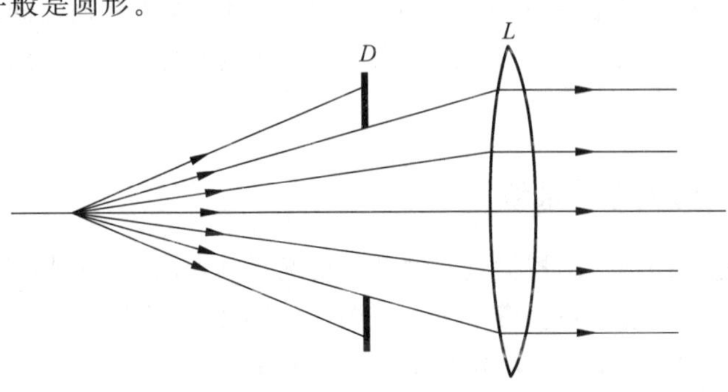

图 3.7 孔径光阑

光学系统中的孔径光阑是相对于轴上物点的位置和光阑的位置而言的，如果物体或光阑的位置发生变化，原来的孔径光阑可能会发生变化，即另一个光阑可能变为光学系统的孔径光阑。

孔径光阑被其前级光学系统在系统物空间所成的像称为光学系统的入射光瞳，简称入瞳。孔径光阑被其后级光学系统在像空间所成的像称为出射光瞳，简称出瞳。在图 3.8 中，带孔屏障 D 是孔径光阑，EP 为其前方透镜 L_1 在物空间所成的像，为入瞳；XP 为其后方透镜 L_2 在像空间所成的像，为出瞳。由图可见，通过 D 的一切光线都通过 EP 和 XP，反之亦然。所以 D 的边缘和 EP、XP 的边缘是共轭的，即孔径光阑、入瞳和出瞳三者是互为共轭的，并且其中任意两个也是互为共轭的，例如，入瞳与出瞳互为共轭。

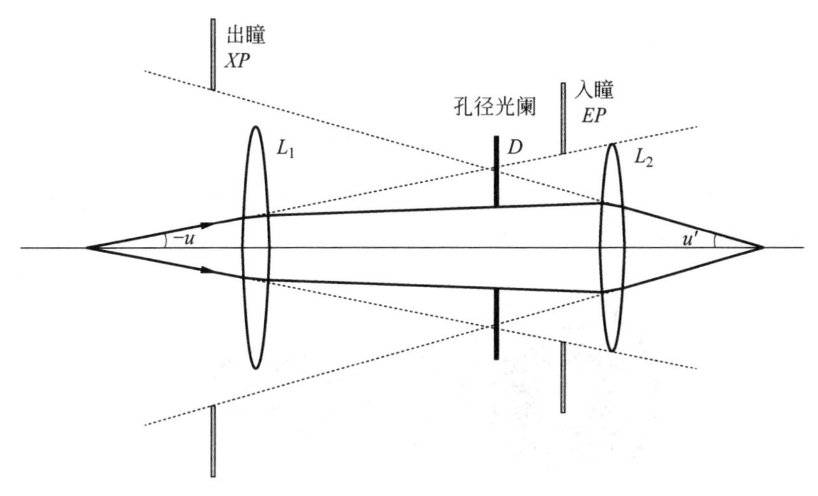

图 3.8　入瞳和出瞳

如果孔径光阑在光学系统的最前面，则入射光瞳与孔径光阑重合；如果孔径光阑位于光学系统的最后面，则出射光瞳与孔径光阑重合。

如图 3.8 所示，轴上物点和入瞳边缘的连线与光轴的夹角称为物方孔径角，记为 u；像平面中心点至出瞳边缘的连线与光轴的夹角称为像方孔径角，记为 u'。由于孔径光阑、入瞳和出瞳三者互为共轭，所以入瞳限制入射光束的宽度，出瞳限制出射光束的宽度。对一定位置的物体，物方孔径角决定了能进入光学系统成像的最大光束孔径。对于无限远的物体，入瞳的直径决定了能够进入光学系统的平行于主轴的光束的大小。

过入瞳中心的光线称为主光线，经过入瞳边缘的光线称为边缘光线。由于共轭关系，主光线或其延长线必通过孔径光阑和出瞳的中心，边缘光线或其延长线必通过孔径光阑边缘和出瞳边缘。在图 3.9 中，中央较粗的光线为主光线，两边较细的光线为边缘光线。

镜头中的孔径光阑称为光圈，如图 3.10 所示。在现代的镜头上，多数光圈由

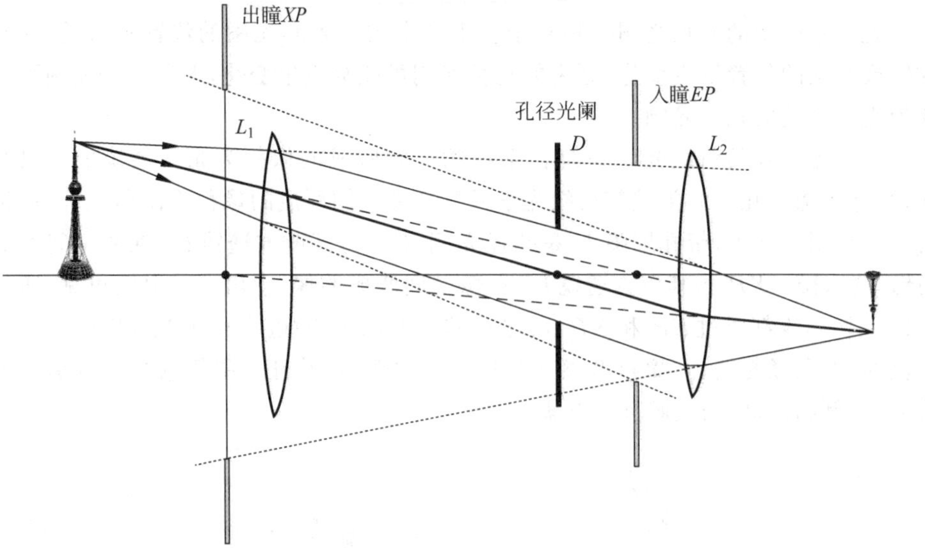

图 3.9 主光线和边缘光线

6～8 片叶片组成，更多的叶片可以形成圆形的光圈，主要用于一些高档的镜头中。转动镜筒上的光圈环可以改变光圈孔径的大小。

图 3.10 镜头的光圈

从镜头前面与后面所看到的光圈孔径大小经常是不同的。从镜头前面所看到的光圈是实际光圈被其前面各透镜所成的像，即入瞳；从镜头后面所看到的光圈是实际光圈被其后面各透镜所成的像，即出瞳，如图 3.11 所示。

(a)

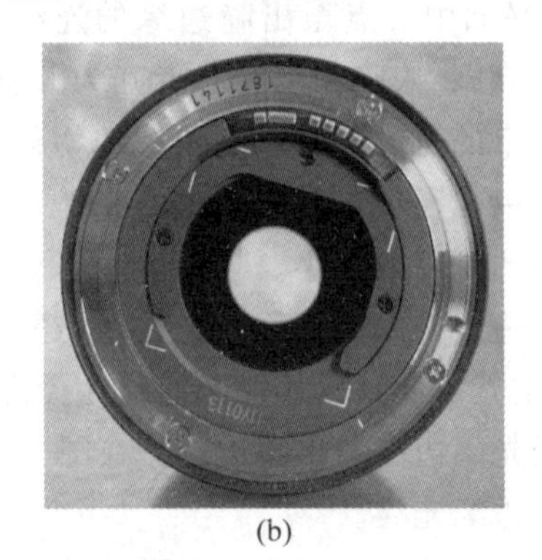

(b)

图 3.11 镜头的入瞳和出瞳

(a) 入瞳；(b) 出瞳

如前所述，入瞳的直径决定了能够进入镜头的平行于主轴的光束的大小，从而确定了镜头的通光能力，因此称入瞳的直径为镜头的有效孔径。平行于主轴的光束通过镜头后会聚到像方焦点上，形成的同心光束为一个锥形，所以也可以说光锥的顶角确定了镜头的通光能力。该顶角的大小由镜头的有效孔径与入瞳到像方焦点的距离的比值确定，对于无穷远处的物体而言，这一比值近似等于有效孔径与像方焦距的比值，因此规定用有效孔径 D 与像方焦距 f' 的比值表示镜头的通光能力，称为相对孔径。

为了便于控制与调整曝光量，多数镜头都可以分级调整镜头的孔径，相邻两级孔径的面积相差1倍，从而通光能力相差1倍。因为面积与直径的平方成正比，所以规定相邻两级光圈的入瞳直径相差 $\sqrt{2}$ 倍。这样就可以形成一个光圈的系列。

因为镜头的相对孔径是有效孔径与像方焦距的比值，一般是小于1的数，不方便使用，因此经常用相对孔径的倒数表示镜头的通光能力，称为光圈数、光圈系数或 F 数，记为 $F/\#$，例如 $F/5.6$，5.6是相对孔径的倒数。

由于光圈数是相对孔径的倒数，因此光圈数越大，通光量越小。表3.1列出了镜头常用的标准光圈数及其对应的理论值。镜头的光圈环上都是按照标准值印制刻度，但是实际使用时可以无级设定光圈的大小。

表3.1 镜头常用标准光圈数

标准值	1.4	2	2.8	4	5.6	8	11	16	22
理论值	$\sqrt{2}$	2	$2\sqrt{2}$	4	$4\sqrt{2}$	8	$8\sqrt{2}$	16	$16\sqrt{2}$

工业相机在工作时一般是对三维物体在像平面上成像，所以在像平面上除形成共轭物平面的像以外，同时也将物平面前后的物体在像平面上成像。此时物平面前后的物点的共轭像点并不在像平面上，而是在像平面的前后，在像平面上形成的不是点像而是一弥散圆斑，如图3.12所示。弥散圆斑的尺寸与物点到像平面的共轭物平面的距离有关，距离越远，弥散圆斑的尺寸越大。

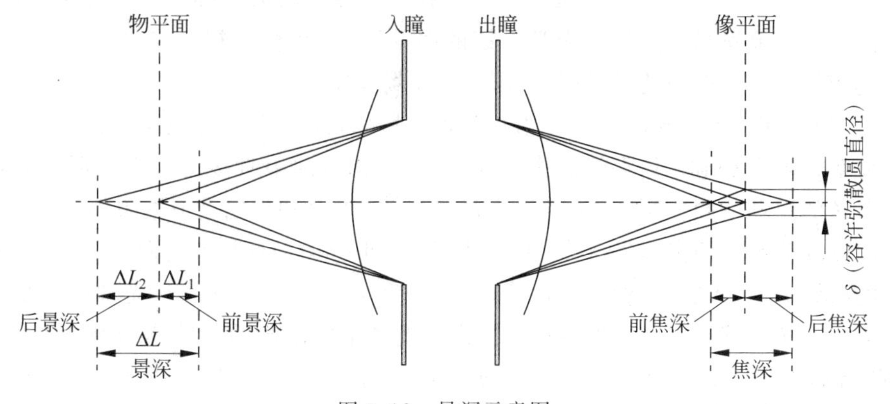

图3.12 景深示意图

位于物平面之外的物点，如果在像平面上所成弥散圆斑的尺寸不超过某一确定的值，则可以认为成像是足够清晰的，该值称为容许弥散圆直径，记为 δ。对于工业相机而言，图像传感器芯片的最小像元有一定的物理尺寸，而非真正的点，当弥散圆小于图像传感器的像元大小时，即可认为对该物点清晰成像。在实际工业机器视觉应用中，通常根据检测精度的要求确定弥散圆斑的大小，例如 3 个像素。此时，物方可以清晰成像的范围不再只有像平面一个平面，而是一个区域，这段清晰成像的范围称为景深，记为 ΔL。像平面之前为前景深，记为 ΔL_1；像平面之后为后景深，记为 ΔL_2，$\Delta L=\Delta L_1+\Delta L_2$。

在像方中，和景深相对应的是焦深，也有前焦深和后焦深之分。

景深的计算公式比较复杂，在机器视觉行业经常采用近似计算，公式为

$$\Delta L=\frac{2F\delta(1+\beta)}{\beta^2} \tag{3.4}$$

由该式可知，F 数越大(即光圈越小)，景深越大，被摄物体所成像清晰的范围越大。

3.3.2 视场光阑和视场

物体发出的入射光线通过镜头后，在像面上呈现出圆形的清晰成像的区域，这个区域称为镜头的像圈(image circle)，像圈以外的区域是模糊的，如图 3.13 所示。镜头像圈由镜头光学结构决定，一旦设计完成，其对应的像圈就确定了，因此需要对光学系统的成像范围进行限制。具有限制成像范围作用的光阑称为视场光阑，简称场阑，其形状多为矩形。视场光阑大多设置在像面或物面上，有时也设置在系统成像过程中的某个中间实像平面上。

图 3.13 视场光阑的作用

视场光阑经其前级光学系统成在系统物空间的像称为系统的入射窗，简称入窗；视场光阑经其后级光学系统成在系统像空间的像称为系统的出射窗，简称出窗。如果视场光阑位于光学系统的最前面，则入窗与视场光阑重合；如果视场光阑位于光学系统的最后面，则出窗与视场光阑重合。

视窗光阑、入窗和出窗三者相互共轭。所以，经由入窗可成像的范围，能够经过视场光阑完整地在像空间成像。换言之，在物空间中直接由入窗就可以决定光学系统的视场范围。图 3.14 所示为视场光阑、入窗和出窗及其与孔径光阑、入瞳和出瞳的关系，这是视场光阑与出窗以及像面重合的一种特殊情况，根据入窗和出窗的共轭关系，入窗与物面重合。入窗边缘和入瞳中心的连线与光轴的夹角称为物方视场角，即图中的 ω，物平面上被物方视场角所限制的范围称为物方视场；出窗边缘和出瞳中心的连线与光轴的夹角称为像方视场角，即图中的 ω'，像平面上被像方视场角所限制的范围称为像方视场。

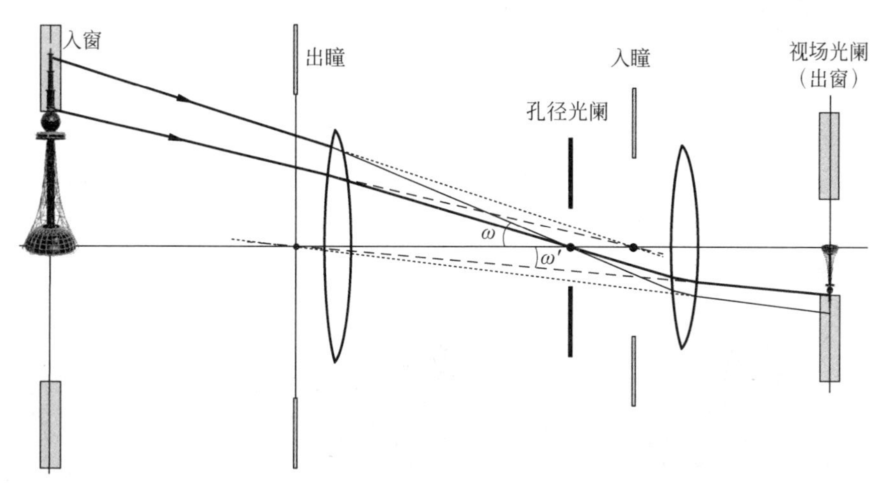

图 3.14　视场光阑、入窗和出窗

在图 3.14 中，塔的球顶发出的主光线处于入窗边缘，所以球以下的部分为成像的范围。塔尖在物方视场之外，所以塔尖在像面上成的像也不在像方视场中，它处在图 3.13 中矩形框以外的区域。

对于摄影系统而言，视场光阑就是数码相机图像传感器的边框或者传统相机底片的边框，此时视场光阑、出窗与像面三者重合，如图 3.15 所示。此时，视场光阑的口径 D 就是像的大小，则像高 $y'=D/2$。对于使用者而言，一般关心的是物方视场，因为它决定了物空间成像的范围，所以习惯将其视为光学系统的视场。

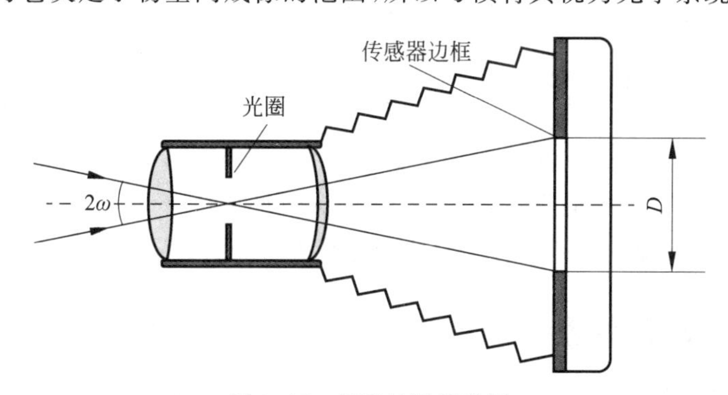

图 3.15　相机的视场光阑

当光学系统对近距离物体成像时，视场大小可以用物体的高度 y 表示：

$$y=\frac{y'}{\beta} \tag{3.5}$$

当光学系统对无限远物体成像时，式(3.5)不再适用，此时视场大小可以用视场角表示。视场角是物方视场对入瞳中心的张角，是物方视场角 ω 的 2 倍。如图 3.15 所示，对于无限远的物体而言，镜头的两个主面的间距可以忽略不计，镜头等价于一个薄透镜，入瞳和出瞳可以视为光圈本身，物方视场角等于像方视场角，

像距等于焦距，所以

$$2\omega = 2\arctan \frac{D}{2f'} \tag{3.6}$$

视场光阑的形状大多为矩形，所以视场可以从 3 个方向去测量，即对角视场(diagonal FOV,DFOV)、水平视场(horizontal FOV,HFOV)和垂直视场(vertical FOV,VFOV)，如图 3.16 所示。默认是对角视场，即式(3.6)中的 D 取画幅的对角线长度。

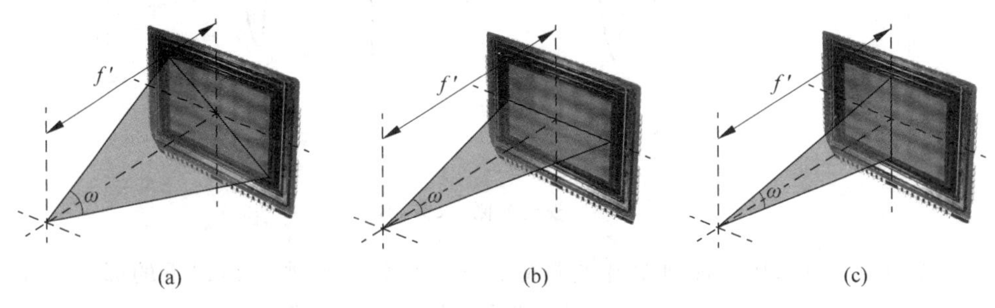

图 3.16 镜头的视场(见文前彩图)

(a) DFOV；(b) HFOV；(c) VFOV

由式(3.6)可知，在画幅尺寸一定的条件下，镜头的取景范围由焦距决定，焦距越长，视场越小。以 135 底片为画幅标准，焦距 45～58mm 的镜头称为标准镜头，焦距短于 45mm 的镜头称为广角镜头，焦距长于 58mm 的镜头称为长焦距镜头。

3.4 镜头的像差

理想的镜头应该对于视场内物平面上的每一个物点，在像平面上相应的位置处都能够形成一个清晰的像点，但是实际镜头所形成的影像与理想影像之间存在着差异，这种差异即为像差。像差分为单色像差和色像差。

3.4.1 单色像差

单色像差包括球面像差、彗形像差、像散、像场弯曲和畸变 5 种。

1. 球面像差

平行于薄透镜光轴或与光轴夹角较小的光线称为近轴光线。当入射近轴光线通过理想的球面薄透镜时，出射光线应该交会于一点，但是对于实际的薄透镜并非如此，如图 3.17(a)所示。这是由于透镜的表面是球面而产生的，因此称为球面像差，简称球差。球差使一个明锐的光点变成模糊的光斑，焦距越长，相对孔径越大，球差越严重。缩小光圈可以较好地改善球差。

使用非球面透镜可以有效地减小球差，如图 3.17(b)所示。使用非球面透镜已经成为现代镜头的典型特征。

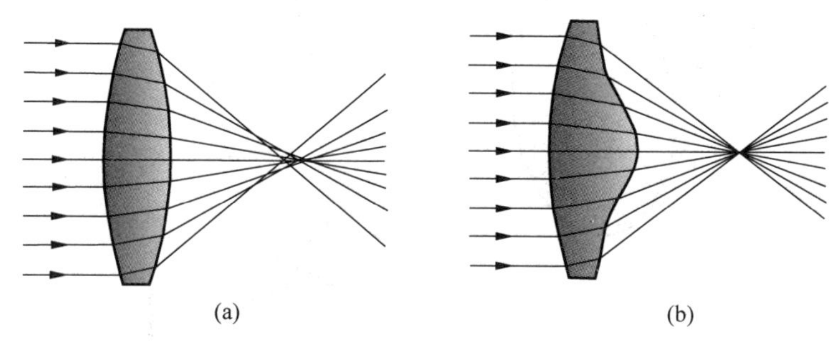

图 3.17　球面像差

2. 彗形像差

与光轴夹角较大的斜射成像光线称为远轴光线。远轴光线经过透镜时也无法会聚于一点,经常形成彗星状的光斑,因此将这种像差称为彗形像差,简称彗差,如图 3.18 所示。彗差是远轴光线特有的像差,因此多产生于短焦镜头的画面边缘。

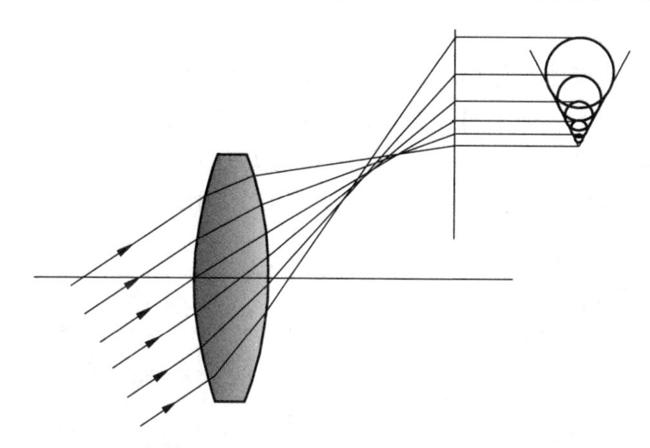

图 3.18　彗形像差

缩小光圈可以较好地减少彗差,但是难以彻底消除。即使设法消除了初级彗差后,也常常会产生较小但形状更复杂的二级彗差。

3. 像散

远轴光线经过镜头后会在不同的空间位置上聚焦为两条微小的焦线,一条沿着从画面中心指向边缘的半径方向,称为径向焦线或弧矢焦线,另一条则沿着以画面中心为圆心的圆周方向,称为切向焦线或子午焦线。真正聚焦的像点在两条焦线的中间,呈现为一个比较模糊的光斑,如图 3.19 所示。由于两条焦线彼此分离,因此这个像差称为像散。像散使画面边缘在子午与弧矢两个方向的线条具有不同的清晰度。

像散是远轴光线特有的像差,而且是顽固的像差,不仅难以消除,并且与光圈

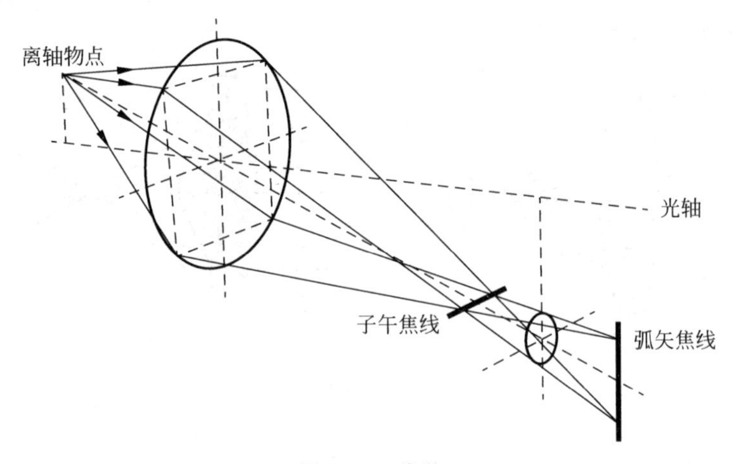

图 3.19 像散

基本无关，很难用缩小光圈减弱。因此在评价一个镜头的像质时，像散经常成为重点关注的单色像差。

4. 像场弯曲

像场弯曲简称场曲。像场本该是一个平面，但是由于像差的存在，像场变得弯曲了，如图 3.20 所示。如果用存在场曲的镜头拍照，当镜头的焦点对在画面中心时，画面中心清晰而四周逐渐模糊；反之，当镜头的焦点对在四周时，中心变模糊。这样就无法在平直的像平面上获得中心与四周都清晰的像。

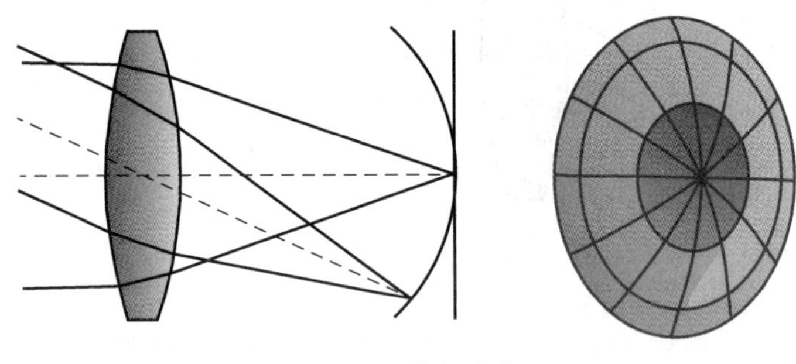

图 3.20 像场弯曲

由于像散的存在，子午方向形成的弯曲像面与弧矢方向形成的弯曲像面往往不重合，它们分别称为子午场曲和弧矢场曲。

像场弯曲会随着像散现象的矫正而得到改善。由于像面处在子午像面和弧矢像面之间，因此像散现象矫正得越好，像场弯曲现象就越少。

5. 畸变

畸变是指物体所成影像在形状上的变化。畸变并不影响像的清晰度，只是把物方的直线在像方变成了曲线，造成像的失真。一个光学系统如果完全没有畸变，则它在整个像场内的横向放大率保持一致。畸变与相对孔径无关，仅与镜头的视场有关。所以在使用广角镜头时要特别注意畸变的影响。

在像场的中央，畸变为零；距画面中心越远，畸变越大；通过像场中心的直线没有畸变。畸变分为两种：正畸变和负畸变。正畸变也称为枕形畸变，因其形状像一个枕头而得名。枕形畸变的放大率随着像场从中心到边缘逐渐变化，越靠近像场边缘，放大率越大。负畸变也叫桶形畸变，因其形状像装酒的木桶而得名。桶形畸变的放大率随着像场从中心到边缘的变化与枕形畸变正好相反，越接近像场边缘，放大率越小。畸变如图 3.21 所示。

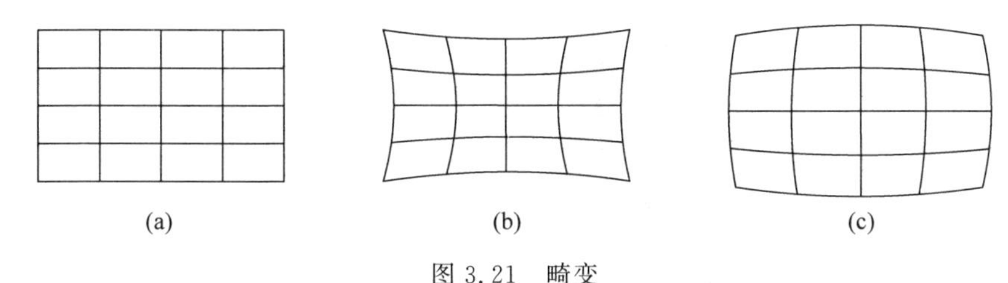

图 3.21　畸变

(a) 无畸变；(b) 枕形畸变；(c) 桶形畸变

3.4.2　色像差

介质的折射率与光的波长有关，所以当白光或复色光经光学系统成像时，不同色光的像的位置或大小会有所不同，这种现象称为色像差，简称色差。色差分为两种：位置色差和放大率色差。

1. 位置色差

轴上物点发出的白光或复色光经过透镜后各色光的像点位置不同，这种现象称为位置色差或轴向色差，如图 3.22 所示。蓝光的波长短，折射率大，所以通过透镜后焦点位置靠近透镜；红光的波长长，折射率小，所以通过透镜后焦点位置远离透镜。存在位置色差时，轴上物点的像为一带色的圆形弥散斑。

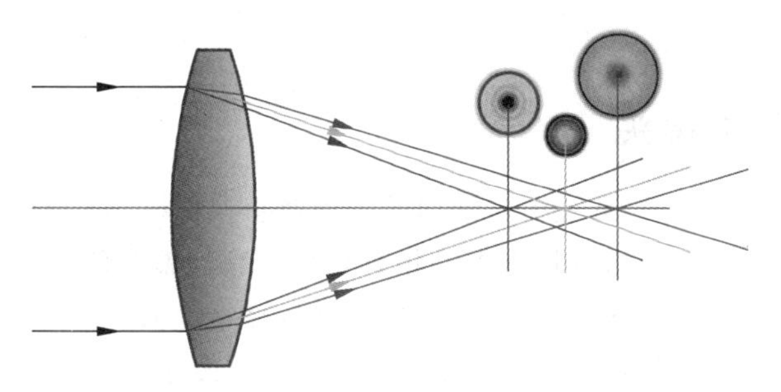

图 3.22　位置色差(见文前彩图)

单个透镜的位置色差是无法消除的，但用不同介质制成的会聚、发散透镜的组合系统，可以对选定的两种波长消除位置色差。

2. 放大率色差

轴外物点发出的白光或复色光经过透镜后会聚于不同的高度上，使物体同一点发出的不同色光所形成的影像具有不同的放大率，因此称为放大率色差或倍率色差，也称为横向色差，如图 3.23 所示。放大率色差在画面周围引起色彩错开，数码相机最恼人的紫边现象，就是由放大率色差引起的。

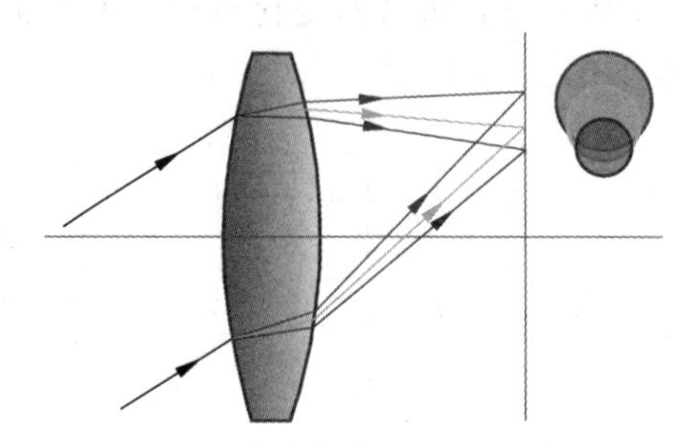

图 3.23 放大率色差（见文前彩图）

近年来，人们在光学材料的研究上取得了巨大的突破，制成了多种超低色散的新型光学元件，大幅地改善了各种色光的色差，这种镜头被特别称为超消色差镜头。

3.5 镜头的光学结构

镜头的光学系统通常由若干单片透镜和胶合透镜组成。由于组成镜头光学系统的透镜和透镜组的数量、形状和位置不同，从而构成不同的光学结构，形成不同的技术性能。镜头的光学结构多种多样，镜片数量从 1～2 片（组），到 5～6 片（组），甚至达到十几片（组）不等，而且还不断地有各种新的类型出现，所以完全掌握各种镜头的结构是不可能的。本节介绍机器视觉系统中应用较为广泛的镜头的典型光学结构。

3.5.1 标准镜头

标准镜头是机器视觉系统中最常用的一种镜头。标准镜头的视场角与人眼的视角基本相同，大约 50°左右，具有中等相对孔径。这种镜头的失真较少，成像比较准确，成像质量较高，适合对各种形状的物体进行高精度检测。

标准镜头最常见的结构有柯克镜头（Cooke）、天塞镜头（Tessar）和双高斯镜头。

如图 3.24 所示，柯克镜头为 3 组 3 片结构，3 个单透镜按正、负、正分布形式组成，其两侧的凸透镜产生的球差、彗差和像散由中间的凹透镜来抵消。凹透镜采用较凸透镜色散高的火石玻璃制成，以消除轴向色差。左右凸透镜的焦距分配和位置可以用来解决畸变和放大率色差的校正问题。两个透镜之间的空气间隔可以用于校正像面弯曲。柯克镜头是一种结构简单的镜头，当焦距在 50mm 左右时，最大相对孔径可达 1∶8～1∶3，视场角 40°～60°，它被广泛应用于价格较低的相机上。

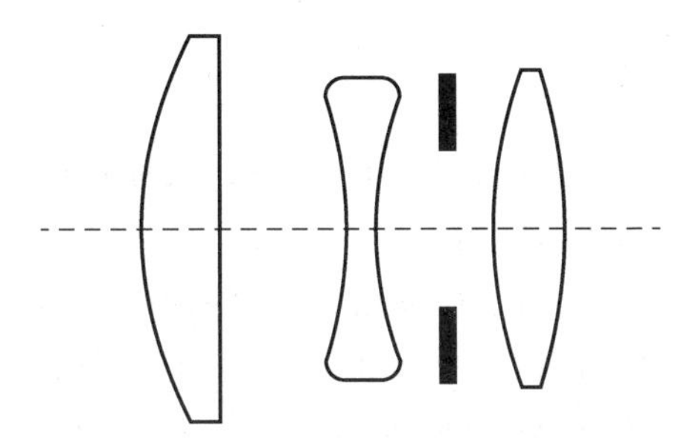

图 3.24 柯克镜头光学结构示意图

如图 3.25 所示，天塞镜头为 3 组 4 片结构，中间是一个凹透镜，最外面的是一个凹凸的凸透镜，最里面的是由一个凹透镜和一个凸透镜胶合成的镜片。由于使用了 4 个镜片，其中又有两个胶合在一起，所以称为 3 组 4 片结构。由于它采用了一组胶合透镜，其胶合面可以校正轴外彗差，使像质比柯克镜头更好，其相对孔径与视场角与柯克镜头基本相同。

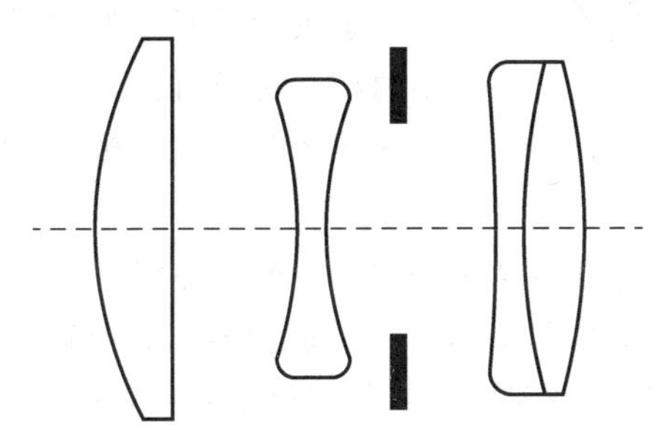

图 3.25 天塞镜头光学结构示意图

如图 3.26 所示，双高斯镜头为 4 组 6 片的对称结构，也就是透镜或透镜组相对于孔径光阑前后对称地配置。对称结构可以自动校正垂轴像差，单透镜弯向光阑，以有利于减少轴外像差，同时利用胶合面的折射率差来减小轴外彗差。双高斯

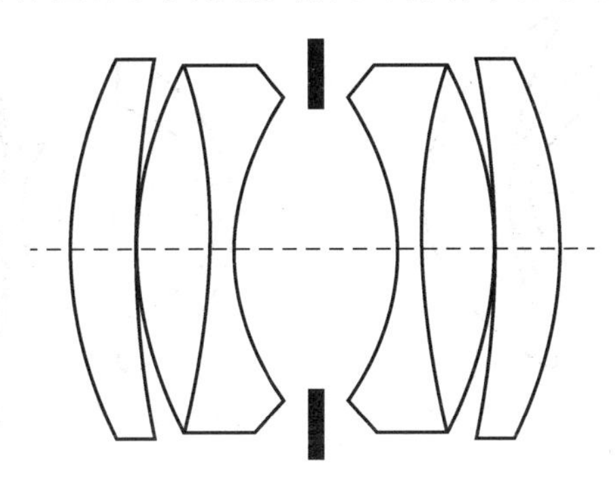

图 3.26 双高斯镜头光学结构示意图

镜头很好地校正了各种像差，其综合性能与成像质量都很好。它的最大相对孔径可达 1∶2，是大孔径镜头的基础。双高斯镜头的改进型很多，多用作中、高档相机的标准镜头。

3.5.2 广角镜头

广角镜头可以拓宽视野范围，捕捉更多的信息，使得图像更加全面，适用于需要检测大面积或者靠近物体的应用。

广角镜头是短焦距镜头，由于视场角大，某些像差，如畸变、像面弯曲、像散和放大率色差等的校正比较困难。为便于校正像差，广角镜头通常采用对称结构，最常见的结构为海普岗（Hypergon）镜头、托普岗（Topogon）镜头和鲁沙（Russar）镜头。

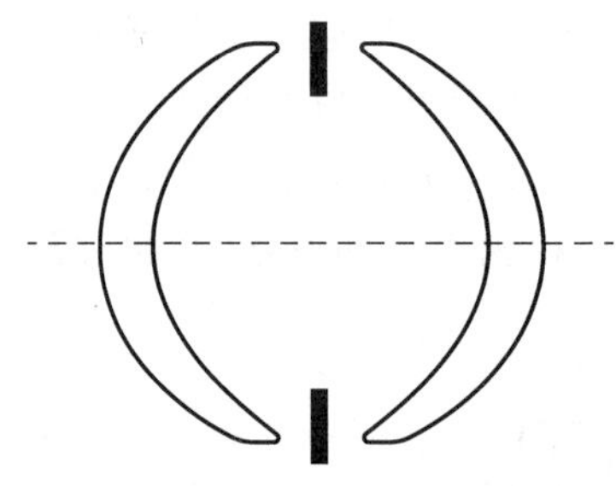

图 3.27 海普岗镜头光学结构示意图

海普岗镜头是最简单的对称型广角镜头，由两片弯向孔径光阑的正透镜组成，如图 3.27 所示。由于结构对称，垂轴像差可以自动地校正，而这样的弯曲形状更有利于轴外像差的校正，间距的变化则可以用来校正像散。但是，海普岗镜头无法校正球差和色差，因此只能在很小的相对孔径(仅为 1∶30～1∶20)下使用。由于它的像散和畸变极小，因此视场角极大，可以达到 130°。

托普岗镜头是正-负-负-正对称结构，是在海普岗镜头的中间靠近光阑处引入两片相对光阑对称分布，几乎与光阑中心同心极度弯曲的负月牙形透镜，其目的就是校正球差和色差，如图 3.28 所示。托普岗镜头的相对孔径比海普岗镜头有很大提高，可以达到 1∶6.3 左右；但是它的畸变校正不太理想，视场角可以达到 100°。

鲁沙镜头为 4 组 6 片结构，是负-正-正-负对称结构，如图 3.29 所示。它的复杂化形式主要是为了增大相对孔径和改善成像质量，视场角可达 120°，相对孔径达到 1∶6.3。鲁沙镜头是一系列特广角镜头的基础。

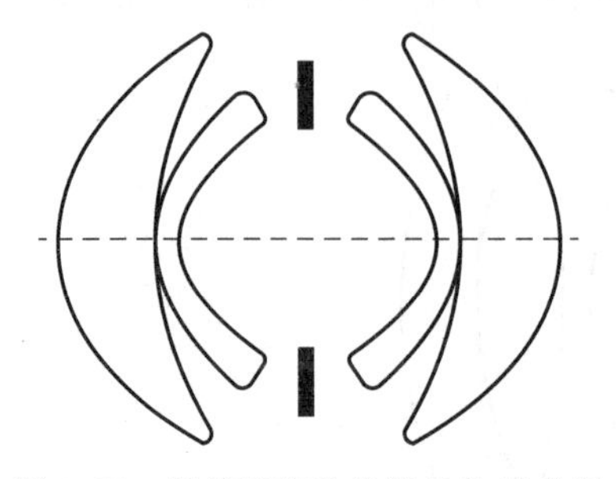

图 3.28 托普岗镜头光学结构示意图

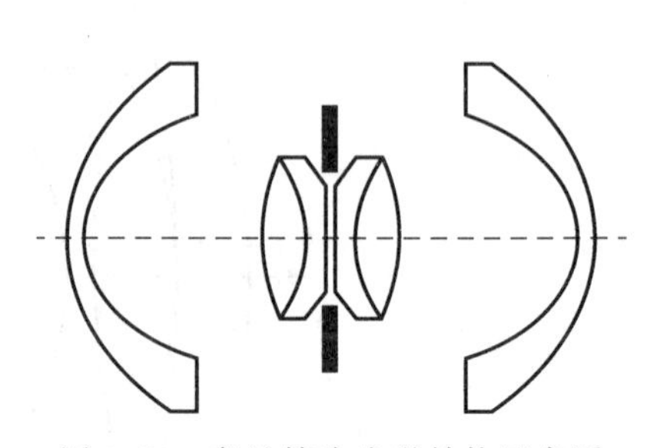

图 3.29 鲁沙镜头光学结构示意图

3.5.3　长焦镜头

长焦镜头的焦距长，视场小，可以在较远的距离范围内对物体进行成像，适用于对较小物体或细节要求高的物体进行检测。

长焦镜头一般采用远摄光学系统结构，长度可以小于焦距，从而缩小体积，便于携带和使用。远摄系统通常由正、负两个镜组组成，它的结构原理如图 3.30 所示。由图可见，$L<f'$，其中 L 是镜头的长度，即从第一折射表面到像方焦面的距离，f'是镜头的焦距。

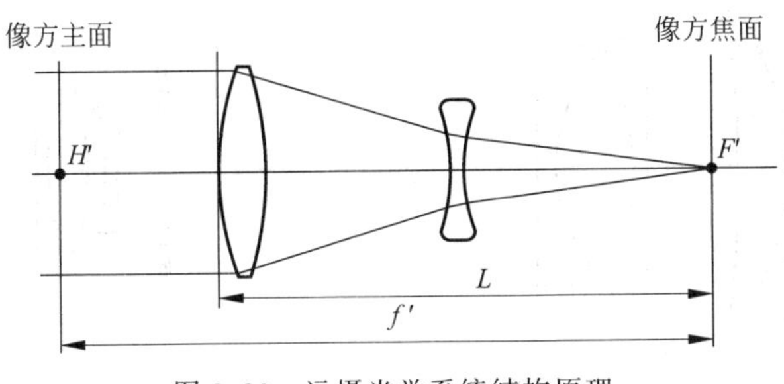

图 3.30　远摄光学系统结构原理

对于远摄光学系统，望远比 T 是一个重要的参数，$T=\frac{L}{f'}$，因为 $L<f'$，所以 $T<1$。望远比 T 的大小与焦距的长短和 F 数的大小有关。为了达到一定的望远比值，通常情况下其相对孔径为 1∶7～1∶5。如果要增大相对孔径，例如达到 1∶4～1∶3，望远比只能达到 0.9～0.95。

由图 3.30 可知，远摄光学系统为了追求小的望远比而采用非对称结构，这将使像差校正发生困难，尤其是色像差和畸变会增大。为了减少长焦镜头的轴向色差，通常必须采用与普通光学玻璃不同的特种光学材料，例如萤石和特殊色散光学玻璃。

图 3.31 所示为两种常见的使用萤石或异常低色散（extra-low dispersion，ED）玻璃的长焦镜头的光学系统结构。

3.5.4　远心镜头

远心镜头是一种具有无限远入瞳或出瞳的镜头。由于入瞳或出瞳无限远，穿过孔径光阑中心的主光线将平行于光学系统前方或后方的光轴。远心镜头有 3 种：物方远心镜头、像方远心镜头和双远心镜头。

物方远心镜头是入瞳位置在无限远处的镜头。制作物空间远心系统的最简单方法是将孔径光阑放置在像方焦平面，这样就可以将入瞳保持在无限远。图 3.32 为简单的单透镜配置，同样的原理也适用于多片透镜组成的远心镜头，只要将孔径光阑放置在像方焦平面即可。

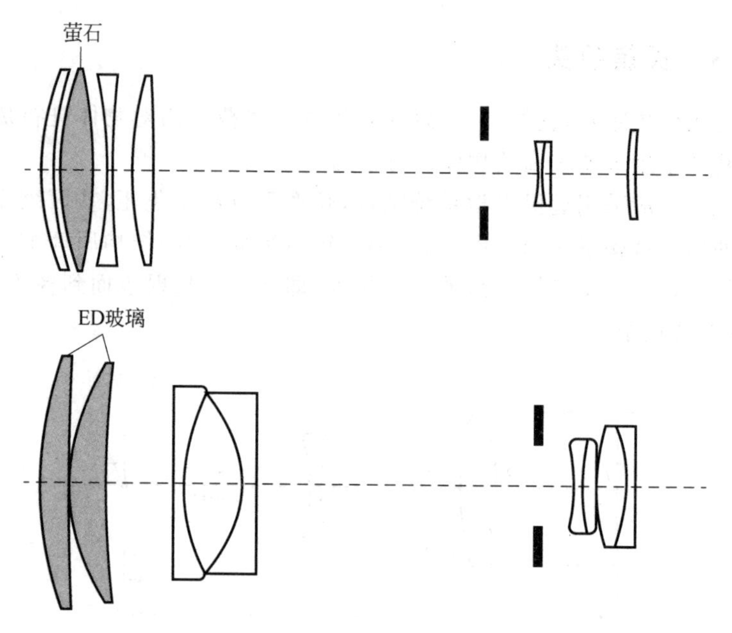

图 3.31　典型长焦镜头光学系统结构示意图

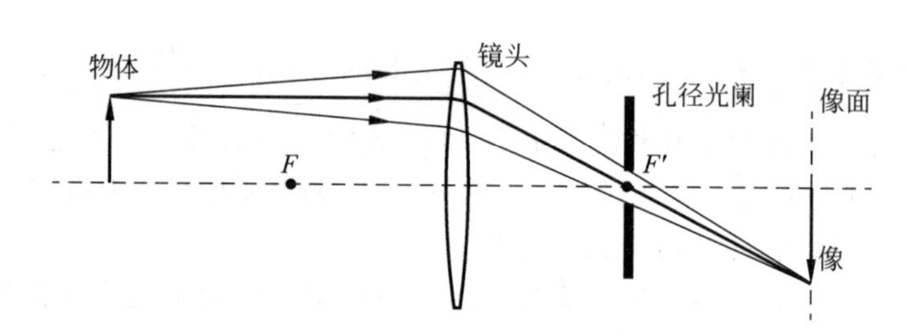

图 3.32　物方远心镜头结构示意图

当被测物体沿光轴存在移位时，生成图像的位置和大小会发生变化。但是因为主光线不变，光线束仍以主光线为中心，这样虽然在像面上会形成模糊的像，但是该像的中心高度与原始图像的高度没有变化。这表明，在物方远心光学系统中，测量的图像大小与物体位置无关，因此可以确定正确的物体尺寸。由于物方远心镜头的这一特性，使其在机器视觉的物体尺寸测量中得到广泛应用。图 3.33 所示为物方远心镜头与普通镜头成像对比。

像方远心镜头是出瞳位置在无限远处的镜头。将孔径光阑放置在物方焦平面处，就可以使出瞳位置在无限远处，如图 3.34 所示。由于像方远心镜头的像方主光线平行于光袖，所以照射感光芯片的光线与感光芯片保持垂直，这样就可使芯片获得均匀的光线，大大消除色度亮度干扰问题，并且图像不会出现阴影。

若镜头组同时满足物方和像方远心的标准，则称为双远心镜头。双远心镜头

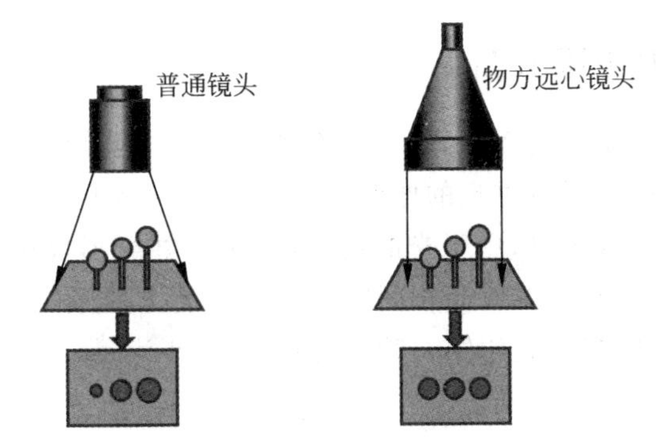

图 3.33　物方远心镜头与普通镜头成像对比

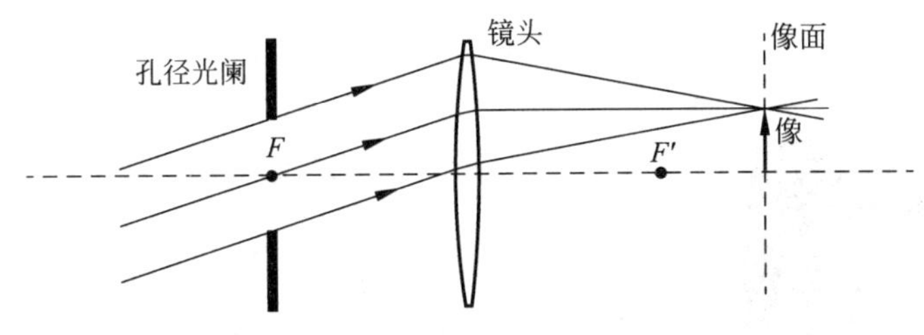

图 3.34　像方远心镜头结构示意图

的特点是将前透镜组的像方焦点与后透镜组的物方焦点重合，其结构如图 3.35 所示。双远心镜头兼有上面两种远心镜头的优点，在这种结构下，像面上的物体尺寸不随工作距离的变化而改变，并且还因其接收平行光的特性，使得图像对比度明显，有利于软件检测，所以双远心镜头广泛应用于机器视觉检测领域。

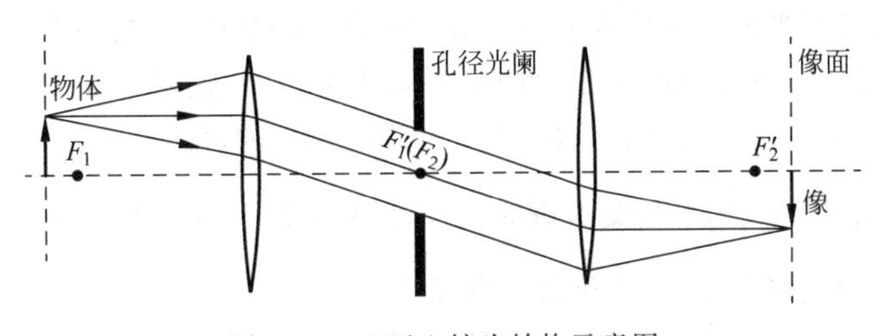

图 3.35　双远心镜头结构示意图

3.6　镜头的光学质量评价

镜头是机器视觉系统最为关键的组成部分之一，其光学质量直接影响获取图像的细节、清晰度、色彩还原度、对比度等多个方面。镜头的质量与加工水平有关，也与光的本性有关。

3.6.1 衍射极限分辨率

假设镜头加工质量完美无缺，完全没有任何像差，但是由于光的衍射现象，物方像点也不会在像面上形成理想的像点，而是形成一个光斑。

点光源通过镜头成像时，由于光的衍射，在焦点处会形成衍射图样，中央是明亮的圆斑，周围有一组较弱的明暗相间的同心环状条纹，如图 3.36 所示。其中，中央明亮的圆斑称为艾里斑，它以第一暗环为界限，大小满足

$$\theta \approx \sin\theta = 1.22\frac{\lambda}{D} \tag{3.7}$$

其中，λ 为光的波长，D 为镜头光圈的孔径，θ 为衍射角。式中 $\theta \approx \sin\theta$ 是因为衍射角一般很小。

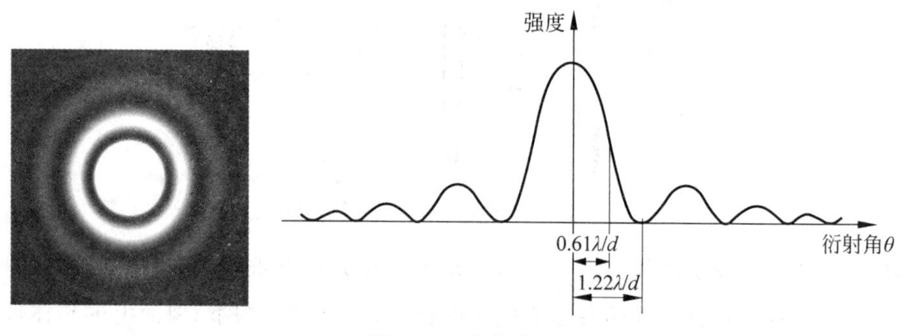

图 3.36 艾里斑

当两个发光点离得很近时，它们所成像的艾里斑也很近，这样两个发光点就可能分辨不开，所以光学系统中存在一个分辨极限。瑞利认为，当一个发光点的艾里斑的中心与另一个发光点的艾里斑的第一暗环重合时，这两个发光点刚刚可以分辨开，这便是瑞利判据。显然，式(3.7)就是瑞利判据的表达式。

衍射角满足 $\theta \approx \frac{d}{l'}$，$d$ 是艾里斑的直径，l'为像距。当物距较远时，$l' \approx f'$。所以，对于给定的光圈系数 F，艾里斑的直径 d 满足

$$d = 1.22\lambda F = 0.000671F \tag{3.8}$$

单位是 mm，其中 0.000671 是 λ 取人眼最敏感的波长 550nm 计算所得。由式(3.8)可知，F 越小，即光圈越大，艾里斑越小，图像质量越好。所以，定义衍射极限分辨率 R 为艾里斑直径的倒数，即

$$R = 1/d = 1490/F \tag{3.9}$$

单位是 lp/mm(线对/毫米)。由式(3.9)可知，光圈为 $F/1.4$ 的镜头理论上分辨率可以达到 1064 lp/mm，而光圈为 $F22$ 的镜头理论上分辨率只能达到 68 lp/mm，这也正是为什么大光圈镜头价格高昂的原因之一。

3.6.2　镜头光学质量的评价指标

衍射极限分辨率是针对不存在像差的理想镜头而言的，实际的镜头存在 3.4 节中介绍的 7 种像差，镜头的成像质量主要是这些像差综合作用的结果。然而，直接度量这些像差并得到定量的结果非常困难，因此实际镜头的光学质量一般采用标准测试标板进行测试，测试的主要指标包括分辨率、对比度和锐度。

1. 分辨率

分辨率(resolution)是指镜头分辨景物细节的能力，可以用黑白相间的线条组作为分辨率测试的标板，一条黑线与一条相邻的等宽白线称为一个线对，分辨率以镜头像面上每毫米能读出多少线对表示，单位是 lp/mm。

测量光学系统分辨率的测试标板有很多，USAF 1951 是最常用的标板，如图 3.37 所示。该测试标板包含 6 组线距与线宽相等的线对集，每组线对集包含 6 个水平线对和竖直线对组成的不同的元素，每个线对包含 3 条线。相较于 2、4、5 条线，3 条线可有效降低伪分辨率。所谓伪分辨率，是指标板通过光学系统成像后，由于像太模糊使重叠部分形成了更清晰的线，从而影响对成像系统分辨率的判断。图 3.37 中，用实线标出了第 2 组，其中字号最大的数字 2 代表该组的组号，1～6 代表该组中不同的元素。

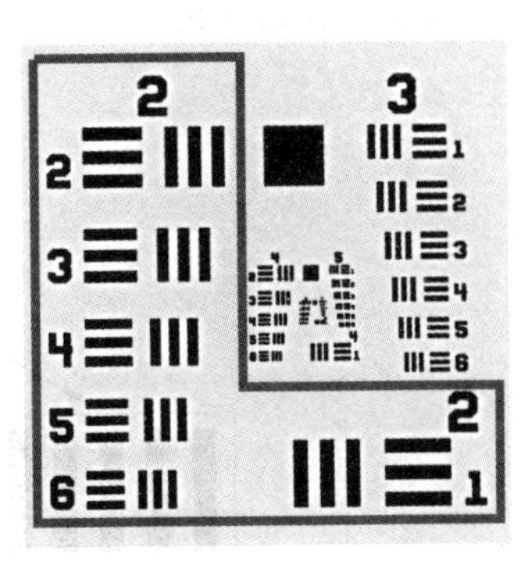

图 3.37　USAF 1951 分辨率测试标板

由 USAF 1951 分辨率测试标板计算分辨率的公式为

$$\text{分辨率} = 2^{\text{组号}+\frac{\text{元素号}-1}{6}} \tag{3.10}$$

例如，某相机对 USAF 1951 分辨率测试标板所成的像如图 3.38 所示，第 4 组第 3 个元素恰可以分辨，代入式(3.10)可求得该镜头的分辨率为 20.159 lp/mm。

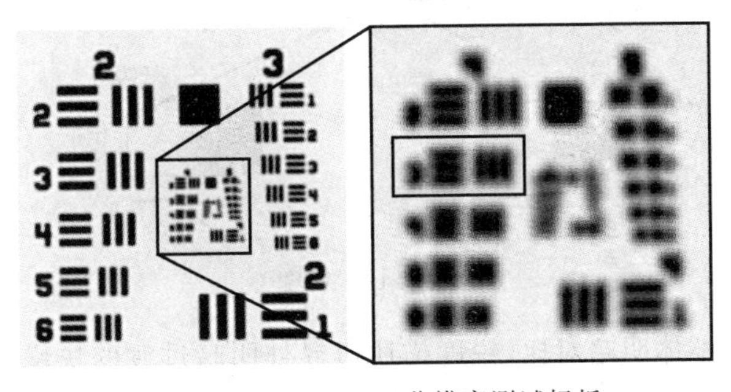

图 3.38　USAF 1951 分辨率测试标板

2. 对比度

对比度(contrast)指镜头像面上最亮的像点和最暗的像点之间的亮度差异,计算公式为

$$对比度=\frac{L_{max}-L_{min}}{L_{max}+L_{min}} \tag{3.11}$$

式中,L_{max} 和L_{min} 分别为镜头像面上像点的最大和最小光亮度,cd/m^2。显然对比度的范围是 0～100%,L_{max} 和L_{min} 相差越大,对比度就越高,图像越清晰醒目;L_{max} 和L_{min} 越接近,对比度就越低,图像细节越难于分辨。

对比度对视觉效果的影响非常重要。图 3.39 所示为两个不同的镜头拍摄同一个分辨率标板的结果,它们具有相同的分辨率,但是视觉的效果截然不同,其差异主要表现在对比度上。

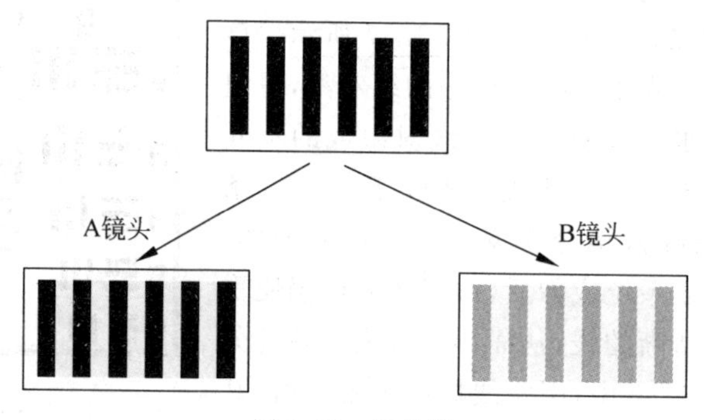

图 3.39 对比度

3. 锐度

锐度(acutance)指黑白色调的边界的锋利或锐利程度,即黑白边界处的对比度。高锐度照片的黑白边界非常清晰,如图 3.40 所示。

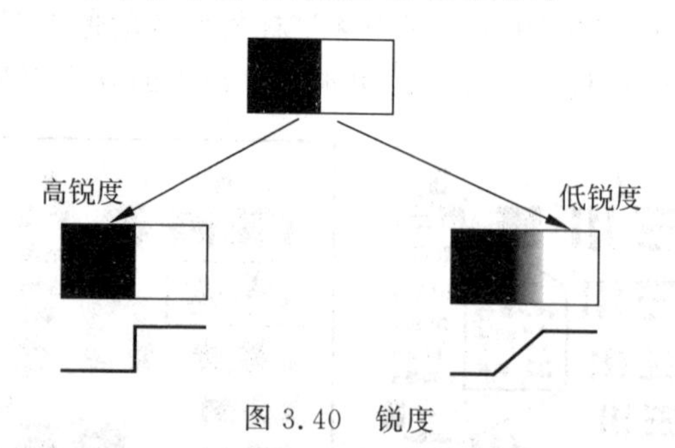

图 3.40 锐度

对比度描述整体明暗对比,锐度描述边界处明暗过渡的快慢。对比度和锐度是相关联的,高对比度对应高锐度,低对比度对应低锐度。

清晰度(sharpness)是分辨率和锐度(或对比度)的结合。如果一个镜头既有高的分辨率又有高的边缘锐度,那么这个镜头就具有高的清晰度。分辨率和边缘

对比度任何一个不够高，这个镜头的清晰度就不够好。

所以，清晰度=分辨率+锐度；或者，清晰度=分辨率+对比度。

3.6.3 调制传递函数

从3.6.2节的讨论我们知道，分辨率和对比度是获得清晰图像的关键。高质量的镜头可以在更高分辨率下传递更多的对比度，调制传递函数（modulation transfer function，MTF）就是为测量光学系统的这种能力而引入的。

如同随时间变化的信号既可以在时间域表示也可以在频率域表示一样，图像本质上作为随空间变化的信号，也是既可以在空间域表示也可以在频率域表示。在空间域，图像表现为灰度或色调随空间位置的变化；而在频率域，则对应了像素值变化的快慢。图像的分辨率越高，单位空间尺度（如长度）内像素的变化就越快，对应着空间频率越高。正如时间信号的频率用单位时间内正弦信号的周期数表示一样，图像的频率也可以用单位长度内正弦信号的周期数表示。我们用明暗呈正弦变化的条纹组（称为正弦光栅）作为标板，条纹图像在单位长度内所包含条纹的线对数称为空间频率，用符号 f 表示。

如图3.41所示，设空间频率为 f 的正弦光栅标板的最大亮度为 $L_{\max}$，最小亮度为 $L_{\min}$，定义调制度 $M(f)$ 为

$$M(f)=\frac{L_{\max}-L_{\min}}{L_{\max}+L_{\min}} \tag{3.12}$$

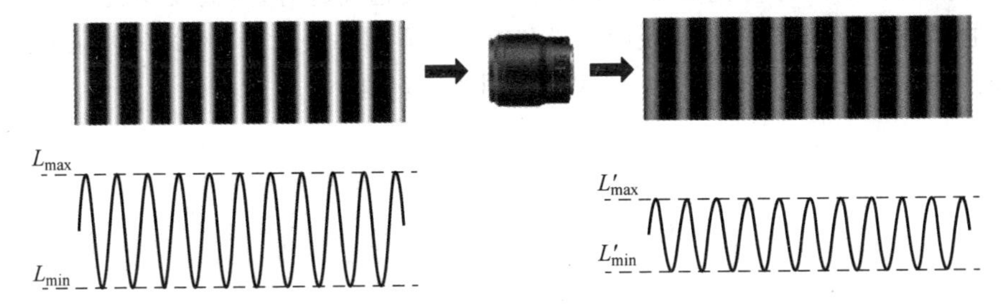

图3.41 正弦光栅标板和影像

对比式（3.11）可知，调制度 $M(f)$ 就是空间频率为 f 的正弦光栅的对比度。$M=1$ 表示正弦光栅有最大的调制度；$M=0$ 意味着 $L_{\max}=L_{\min}$；正弦光栅明暗完全没有起伏，对比度为0，即调制度为0。

正弦光栅经光学镜头成像后，所得仍为正弦光栅，同样可以计算调制度。设所成正弦光栅图像的最大亮度为 $L'_{\max}$，最小亮度为 $L'_{\min}$，则光栅图像的调制度 $M'(f)$ 为

$$M'(f)=\frac{L'_{\max}-L'_{\min}}{L'_{\max}+L'_{\min}} \tag{3.13}$$

在光学成像的过程中，像的调制度与光栅(物)的调制度之比称为调制传递函数，即

$$\mathrm{MTF}(f)=\frac{M'(f)}{M(f)} \tag{3.14}$$

可见，MTF测量的是光学系统使用空间频率(分辨率)将物的对比度传递到像的能力，MTF高，意味着在更高分辨率下传递更多的对比度。

由于任何镜头都有像差，都会损失景物的细节与层次，因此像的调制度(对比度)不可能高于景物，所以 $0 \leqslant \mathrm{MTF}(f) \leqslant 1$。当空间频率接近0时，$\mathrm{MTF}(f)$ 趋近于1。随着空间频率 f 的提高，景物经镜头成像后损失的细节也越多，所以MTF一般是单调递减函数，在某个截止频率处达到零。

光学仪器行业根据以上原理利用MTF表示镜头的质量，并且测量的结果比分辨率更稳定，具有更好的一致性与可比性。一般镜头厂家都会公布其产品的MTF曲线，借以推销产品。

镜头厂家公布的一般是像面位置MTF曲线，表示在给定光圈和空间频率下MTF值随像场位置变化的规律，横坐标是从画面中心到测试点的距离，单位是mm，纵坐标表示相应的MTF值。在镜头的MTF曲线图中，针对特定光圈和空间频率会给出一实一虚两条曲线，一条代表子午(tangential或meridional)方向，一条代表弧矢(radial或sagittal)方向。图3.42所示为典型的工业镜头的MTF曲线，其中OO′表示物像距。

用MTF曲线评价镜头质量的标准是：曲线越高越好，越高说明镜头锐度越高；曲线越平直越好，越平直说明边缘和中心画质越一致；子午和弧矢两条曲践越接近越好，越接近说明像散这一镜头最顽固的像差越小。

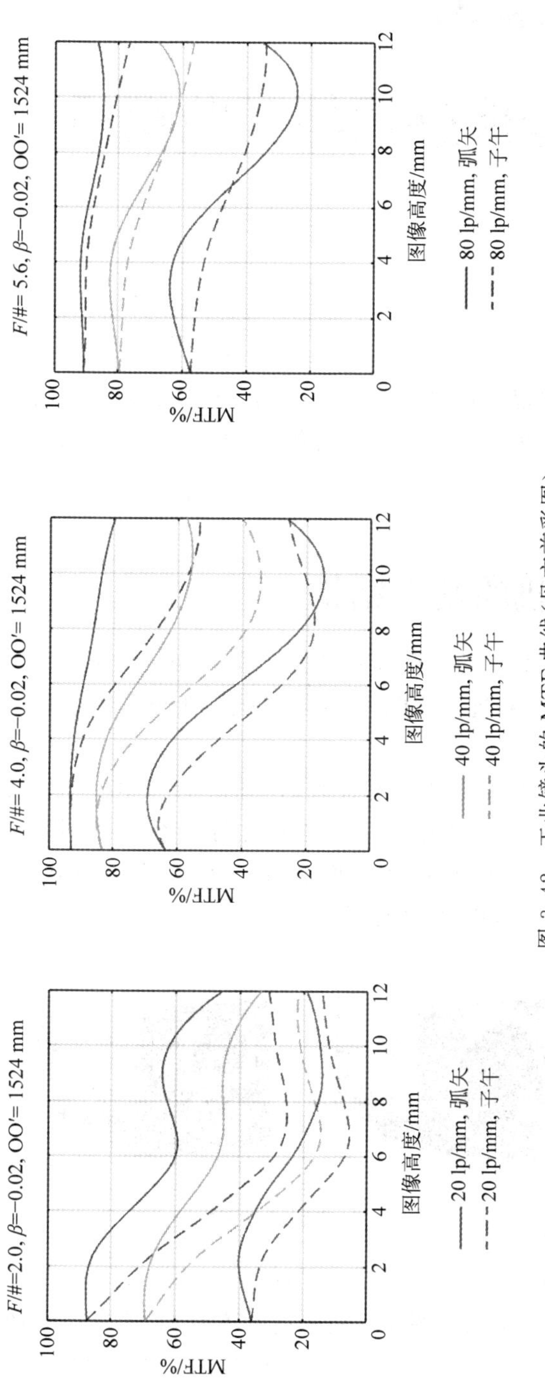

图 3.42　工业镜头的 MTF 曲线（见文前彩图）

第4章

图像传感器与工业相机

工业相机是机器视觉硬件系统中非常重要的组成部分，它包含图像传感器，用于将镜头在像面上聚焦的光信号转换成有序的电信号，并最终以数字信号的形式生成数字图像。

4.1 工业相机的基本结构

工业相机是数码相机的一种，但是与普通的民用数码相机相比，它具有更高的稳定性、数据传输能力和抗干扰能力，能够抵抗工业环境中经常存在的振动、高压和高温等负面影响。

工业相机的外形与普通相机有很大的不同。工业相机一般是方方正正的形状，没有普通相机上的各种按钮，其外壳在设计时会考虑到散热，注重坚固与实用。图 4.1 所示为工业相机典型的形状，前端为镜头接口，用于连接镜头；后端为通信接口，用于实现图像传输和相机的控制。

图 4.1　典型的工业相机

市场上有许多不同厂家、不同品牌、不同型号的工业相机，采用的元器件也不尽相同，但是基本上都采用如图 4.2 所示的基本结构，主要由图像传感器、模数转换器(analog-to-digital converter，ADC)、处理器、接口单元和内置存储器组成。

工业相机属于数码相机，它与传统胶片相机的最大区别在于光学图像的记录方法不同，工业相机依靠图像传感器而不是感光胶片来记录图像。图像传感器是

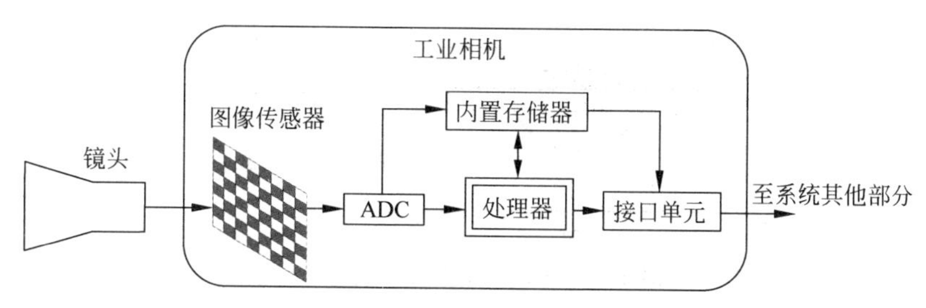

图 4.2　工业相机结构框图

一种半导体芯片，其表面包含几百万到几千万个光敏元件。当光敏元件受光照射时，会产生电荷，电荷的多少与光强成正比。图像传感器可以把光敏元件积累的电荷图像转换成电信号输出。图像传感器本身是一个模拟设备，其输出为模拟信号。

ADC 用于把图像传感器输出的模拟信号转换成数字信号。为了确保在模数转换这个环节上不损失动态范围，ADC 一般支持 10 bit、12 bit 甚至是 16 bit 的分辨率。

工业相机通常包括 1 片或多片处理器。其中，图像处理器用于处理由图像传感器收集并经 ADC 转换的数据，典型的处理包括根据原始传感器数据创建可用的静止图像或视频流，并对其进行压缩以供传输。图像处理器直接影响图像质量，如色彩饱和度和清晰度等。除图像处理器以外，工业相机通常还包括控制器，用于控制整个系统有序工作。处理器可以采用 CPU、FPGA、DSP 等。

接口单元用于将工业相机与机器视觉系统的其他部分相连接。常见的接口有以太网、USB、Camera Link 等。

内置存储器为工业相机提供存储空间，可以用来存储 ADC 输出的原始数据和图像处理器产生的结果图像。

4.2　图像传感器

工业相机最核心的部件是图像传感器，目前用于工业相机的图像传感器主要有 CCD 和 CMOS 两种类型。

4.2.1　CCD 图像传感器

CCD 是一种半导体器件，具有光电转换、电荷存储和电荷转移 3 个基本功能。CCD 的一个基本单元结构如图 4.3 所示，即在半导体（例如 P 型半导体）衬底上制作一层二氧化硅绝缘层，在绝缘层上面再制作一层金属电极。

在金属电极上加上足够大的正偏压时，金属极板带正电荷，P 型半导体中带正电的多数载流子空穴受到极板上正电荷的排斥而远离金属极板，从而在金属极板的下方形成一个无空穴的区域，称为耗尽区。然而，对于少数载流子电子而言，这

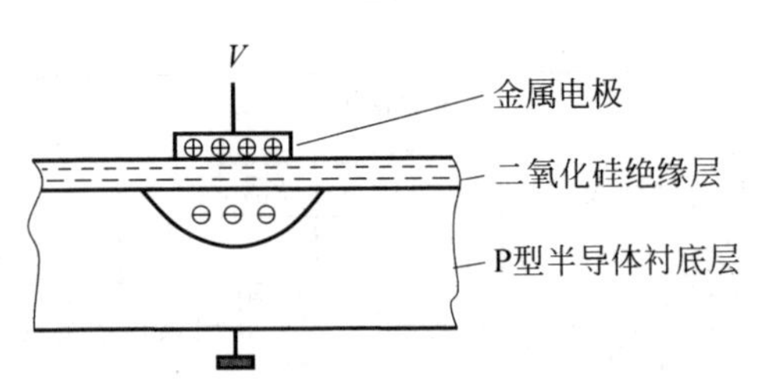

图 4.3 CCD 基本单元结构示意图

个耗尽区是一个势能很低的区域,能吸引电子进入,故称为电子势阱。于是,金属极板、绝缘层、耗尽区就形成一个金属-氧化物-半导体(metal-oxide-semiconductor,MOS)结构的电容器,具有存储电荷的基本功能。在一定条件下,极板上所加偏压越高,电子势阱就越深,所能容纳的电荷就越多。

然而,这个电容器和普通电容器不同,普通电容器的两个极板都是金属导体,而 CCD 电容器有一个极板是半导体。金属导体内部通常存在大量的自由电子,而半导体常温下在黑暗中基本上是绝缘的,其内部可以导电的载流子非常少。特别是对于 P 型半导体而言电子是少数载流子,所以在黑暗中 CCD 的金属极板虽然加有偏压,电容器耗尽区内存储的电荷却非常少。然而,当用光线照射半导体衬底时,半导体中就会产生大量的电子-空穴对,使半导体的导电性大大增加。所以当有光线照射时,加有偏压的 CCD 电容器就能存储大量的电荷。实验表明,在一定的偏压下 MOS 电容器存储的电荷量与入射光强度成正比,光线越强,存储的电荷越多。这就是 CCD 的光电转换功能。

CCD 器件不仅可以存储电荷,而且可以在电压的作用下使电荷从一个势阱转移到另一个势阱。如图 4.4 所示,3 个相邻 CCD 单元靠得很近(例如,间隔 0.1~0.2 μm),在这 3 个 MOS 电容器上分别施加偏压 V_1、V_2、V_3,并且假设 $V_1<V_2<V_3$,这样就形成了图中虚线所示的耗尽区,其中电极 3 下的电子势阱最深,电极 2 下次之,电极 1 下最浅。如果原来在电极 2 下存储着电子电荷,那么由于载流子具有向低势能处转移的特性,这时就会向电极 3 下转移。这便是 MOS 电容器电荷转移的基本原理。

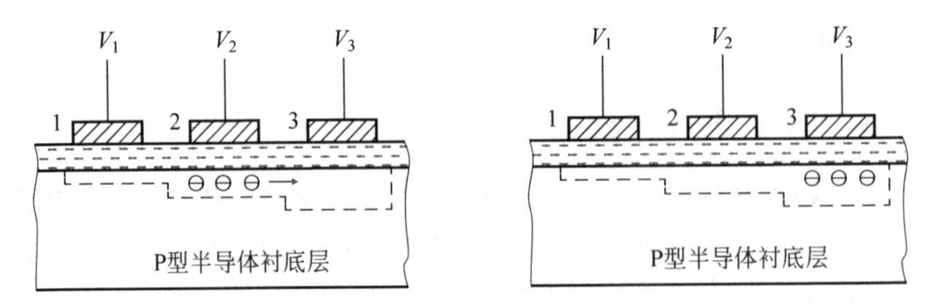

图 4.4 MOS 电容器电荷转移原理示意图

为实现电荷转移功能,需要把 CCD 上的一个个 MOS 电容器按一定的方式连接起来。图 4.5 所示为一种三相耦合结构,每个单元(像素)有 3 个电极,曝光时只有一个电极加偏置电压，曝光结束后采用时序电路驱动电荷进行转移。

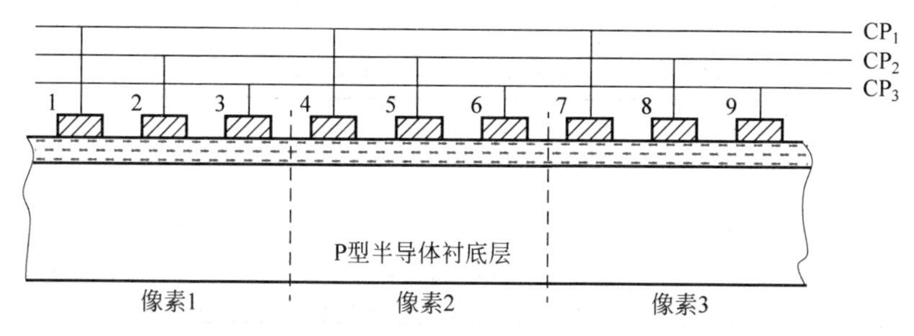

图 4.5 三相耦合结构示意图

为获得电荷转移功能，在每组电容器的电极上加上 CP_1、CP_2、CP_3 时钟驱动脉冲。图 4.5 中的电极 1、4、7 由 CP_1 控制，2、5、8 由 CP_2 控制，3、6、9 由 CP_3 控制。三相时钟脉冲的波形如图 4.6 所示，它们之间的相位相差 $T/3$，T 为时钟脉冲信号的周期。

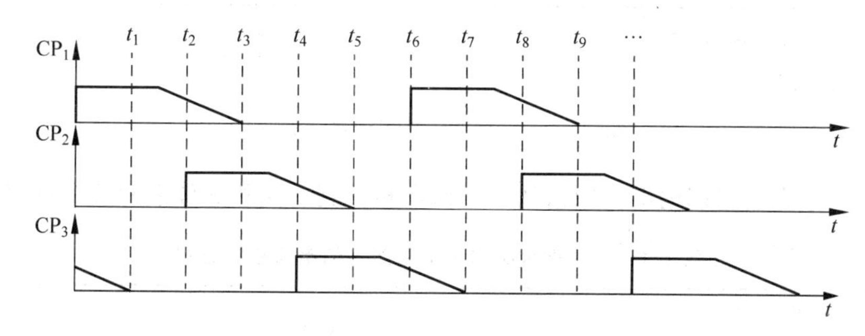

图 4.6 三相时钟脉冲波形

假设 CCD 曝光产生的电荷图像如图 4.7(a)所示。在时刻 t_1，电容器 1 有 4 个电荷，电容器 7 有 2 个电荷，其余电容器没有电荷。此时 CP_1 处于最高电位，CP_2 和 CP_3 均处于最低电位。由于电容器 1 和电容器 7 两边的势垒较高，电荷不能左右转移，而被存储在这两个势阱中。图中 H、M 和 L 分别代表最高电位、中间电位和最低电位。

图 4.7(b)所示为t_2 时刻势阱的情况。此时 CP_1 下降到中间电位，CP_2 上升到最高电位，CP_3 保持最低电位，这样电极 1、4、7 的电位就低于 2、5、8 的电位，结果就是电极 1、4、7 下的势阱浅于 2、5、8 下的势阱，于是原来 1 和 7 两个势阱中的电子就分别转移到势阱 2 和 8。而 3、6、9 下的势垒较高，既阻止了电子向右越位，又阻止了电子向左倒流。由于原来的势阱 4 是空着的，所以无电荷转移，这样势阱 5 仍然是空的。

图 4.7(c)所示为t_3 时刻势阱的情况。此时 CP_1 下降到最低电位，CP_2 保持最高电位，CP_3 保持最低电位，至此电荷完成了右移一个电极位置。

按上述规律，不断施加驱动时钟脉冲，电荷就不断地转移。表 4.1 列出了时钟

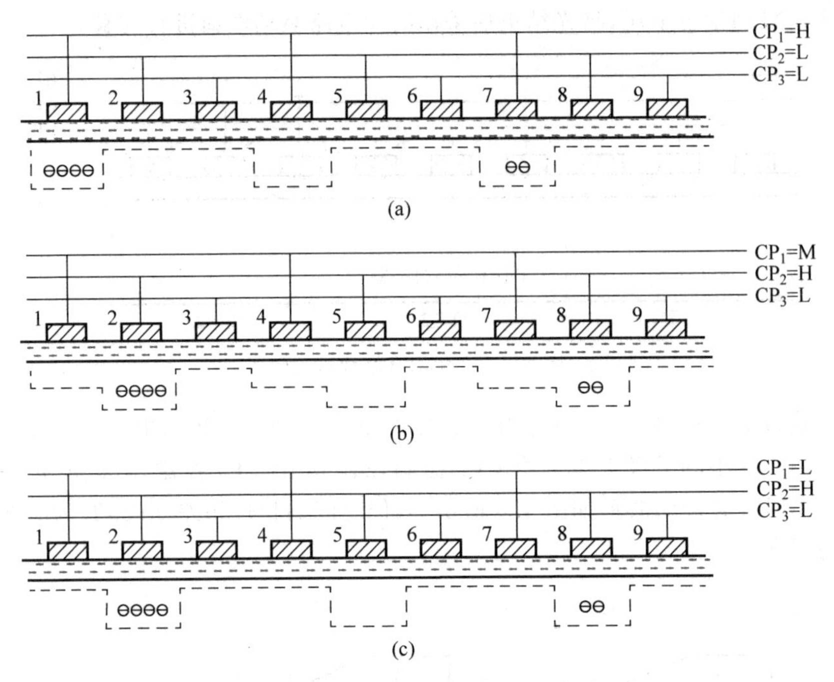

图 4.7 三相 CCD 电荷转移示意图

脉冲的一个完整周期内电荷图像从一个像素转移到右侧相邻像素的整个过程。

表 4.1 三相耦合结构一个周期内的电荷移动过程

时刻	电极电压			状态
	CP_1	CP_2	CP_3	
t_1	H	L	L	电极 1 下形成深势阱，储存电荷
t_2	M	H	L	电极 2 下的势阱深于电极 1 下的势阱，电荷向电极 2 下转移
t_3	L	H	L	电荷转移到电极 2 下并在其势阱中存储
t_4	L	M	H	电极 3 下的势阱深于电极 2 下的势阱，电荷向电极 3 下转移
t_5	L	L	H	电荷转移到电极 3 下并在其势阱中存储
t_6	H	L	M	右侧像素电极 1 下的势阱深于当前像素电极 3 下的势阱，电荷向右侧像素的电极 1 下转移

耦合转移结构还有其他设计，如两相、四相设计，本书不再展开介绍。

用上面所讲的方法，可以将 CCD 的单元连接成一个长条形，通常称为线阵 CCD，其外形如图 4.8(a)所示。另一种方法是将 CCD 的单元排列成一个面阵形，称为面阵 CCD，其外形如图 4.8(b)所示。

面阵 CCD 实现电荷转移功能的结构主要有 3 种，分别是全帧转移 CCD(full-frame transfer CCD，FF-CCD)、帧转移 CCD(frame-transfer CCD，FT-CCD)和行间转移 CCD(interline-transfer CCD，IT-CCD)。

图 4.8 线阵 CCD 和面阵 CCD

图 4.9 是面阵 CCD 电荷全帧转移结构示意图，图中每一列 MOS 光敏元都按前面介绍的方法构成一条 CCD 线阵，各列之间相互隔离，以免电荷间相互影响，每一列又一起与一个移位寄存器相连接。移位寄存器是专门用来寄存和传输电荷的器件，它也是按前述方法构成的 CCD 线阵，只是用不透光的材料封起来，去除它的光电转换功能，而只保留电荷存储和转移功能。移位寄存器还与电压输出放大器相连接，以便完成信号的输出。

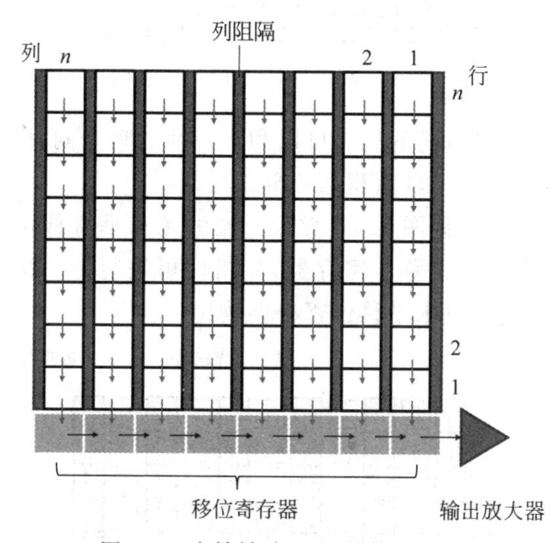

图 4.9 全帧转移 CCD 结构示意图

曝光结束后，在时钟信号的驱动下进行电荷转移。首先各列 MOS 电容器的电荷均同时向下移动一个单位，这样第一行的电荷就转移到移位寄存器中。接着移位寄存器中的电荷向右移位，经输出放大器输出。当第一行最后一列的电荷输出后，原第二行的电荷就到达了移位寄存器，接着又向右输出。重复以上过程，就可以将整帧二维电荷图像转换成时序串行电信号输出。之后再进行下一次曝光。

全帧结构的整个 CCD 芯片都是光敏区，每个光敏元既收集光子产生电荷，又作为转移结构参与电荷转移，所以其最大的优点是芯片面积利用率高。缺点是相机曝光和读出交替进行，因此帧频比较低。此外，为了避免读出期间受外界光照的影响，需要快门的配合，屏蔽入射光。

帧转移 CCD 的结构如图 4.10 所示。整个 CCD 器件被分为 3 部分：光敏区、存储区和读出区，在存储区和读出区均有铝层覆盖，以实现光屏蔽。拍摄时，CCD 的光敏区一次曝光生成电荷图像，接着整帧电荷被转移到与光敏区一一对应的存储区暂时存储起来，然后由存储区和读出区的移位寄存器共同把存储区中的电荷以与 FF-CCD 相同的方式输出，与此同时，光敏区可以进行下一次曝光。

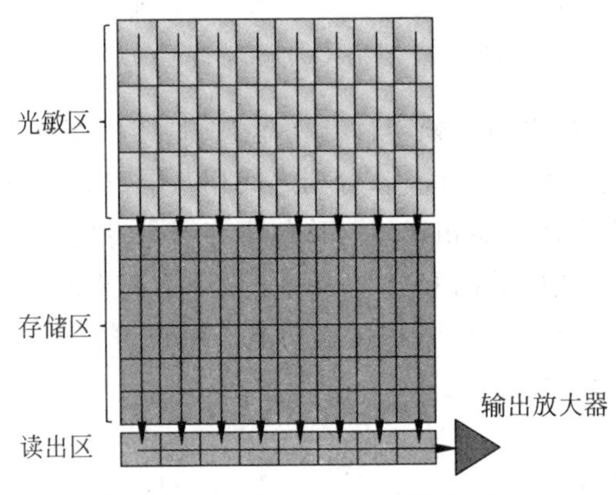

图 4.10　帧转移 CCD 结构示意图

帧转移结构的优点是电荷的读出可以和下一帧的曝光同时进行，因此帧率高；缺点是感光面积大约只占 CCD 面积的一半。

行间转移 CCD 的结构如图 4.11 所示。光敏元和垂直移位寄存器交错排列，曝光结束后，电荷转移到垂直移位寄存器，相机即可进行下一次曝光。曝光期间，垂直移位寄存器把电荷通过水平移位寄存器读出。

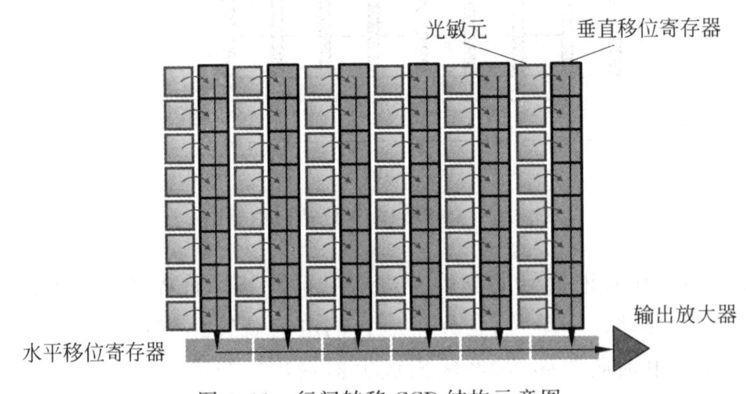

图 4.11　行间转移 CCD 结构示意图

行间转移 CCD 结构的优缺点与帧转移结构相同。

4.2.2　CMOS 图像传感器

CMOS 图像传感器(CMOS image sensor，CIS)和 CCD 图像传感器相比，具有功耗低、速度快和生产工艺成熟、成本低的优点。然而，用 CMOS 工艺制成的

CMOS 图像传感器，如果只包含光电二极管和相关连接，即所谓被动像素传感器(passive pixel sensor，PPS)，噪声比 CCD 产品大得多，只能用于一些低档产品中。目前使用的 CMOS 图像传感器都采用主动像素传感器(active pixel sensor，APS)。

图 4.12 所示为 CMOS 图像传感器一个像素的简化剖面图和等效电路图，这里显示的是 3T APS，3T 代表 3 晶体管(3-transistor)。今天的 CMOS 图像传感器已经不再使用 3T APS 设计，但它是更加复杂的像素架构的基础。3T APS 有 3 个晶体管，分别是复位晶体管、源极跟随器和行选通开关。光照射到光电二极管(photodiode，PD)上产生的电荷存储在等效电路图中虚线所示的寄生电容器 C_{PD} 中，这些电荷通过源极跟随器完成电荷电流转换成电压的缓冲输出，当开关选通时，电压信号通过列输出总线输出。

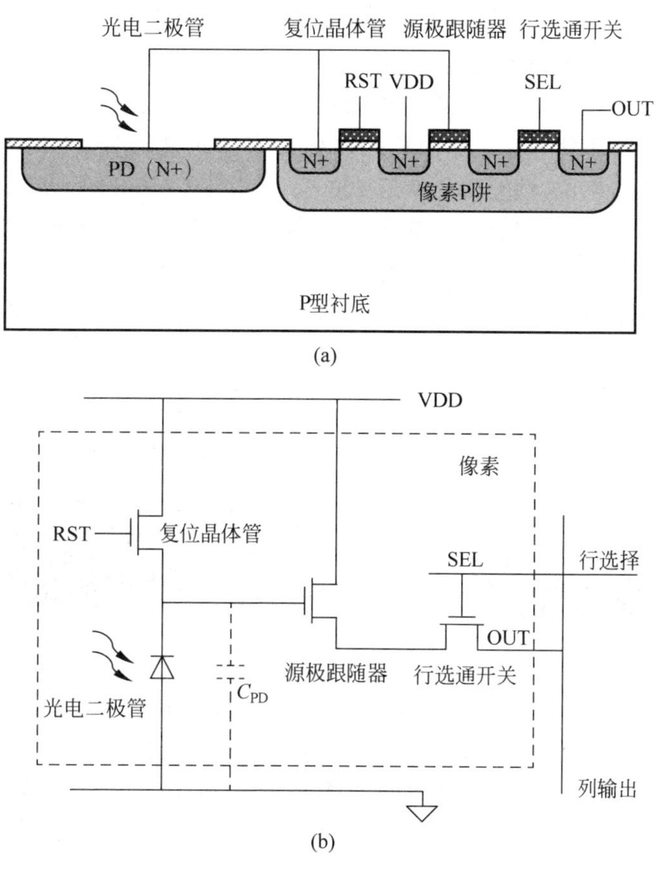

图 4.12　3T APS 像素示意图

(a) 简化剖面；(b) 等效电路

3T APS 像素在工作时，首先，进入复位阶段，复位信号 RST 有效，打开复位晶体管，PD 的寄生电容器 C_{PD} 被充电至 VDD，PD 处于反向状态。其次，APS 进入曝光阶段，撤销复位信号 RST 关闭复位晶体管，在光照下，PD 工作在零偏置状态，于是产生光电流，信号电荷进入 C_{PD}，经过一个固定的积分时间间隔后，C_{PD} 电位下降到与光照强度成正比的信号电荷量电位上。最后，APS 进入读出阶段，光生电荷通过源极跟随器实现信号的电流-电压转换和放大缓冲，并且在行选择信号 SEL 打开行选通开关的情况下，进行信号输出。

然而，3T APS 也存在一些缺陷。由于存在复位晶体管，3T APS 有较大的复位噪声。此外，3T APS 无法实现全局快门，这是因为无法关闭光电二极管，一旦复位晶体管关断，像素便开始积累光子。因此，目前市场上销售的 CMOS 图像传感器采用的都是在 3T APS 基础之上改进的像素结构，例如 4T、5T 像素及其各种变体，其基本工作原理与 3T APS 是相同的。

CMOS 的每个像素都有实现电流-电压转换放大等功能的电路。不难发现，CMOS 每个像素的总面积等于光电二极管有效面积加上相关电路的有效面积，光电二极管和电路需要争抢感光元件上有限的空间，使得每个像素用于感光的有效面积大大下降。其结果就是图像中的噪点多，成像质量较差。

像素的感光面积与像素总面积之比称为像素的填充因子(fill factor)。对于 CCD 图像传感器来说，填充因子接近 100%；而对于 CMOS 图像传感器来说，填充因子只有 30%～70%。显然，填充因子越小，其感光度必然越低。为了克服这一缺点，CMOS 图像传感器引入了微透镜阵列，可以把像素中非感光区的光线也收集起来，一起投射到感光区上，这样可以把填充因子提高到 90%，从而改善 CMOS 图像传感器的感光度，如图 4.13 所示。

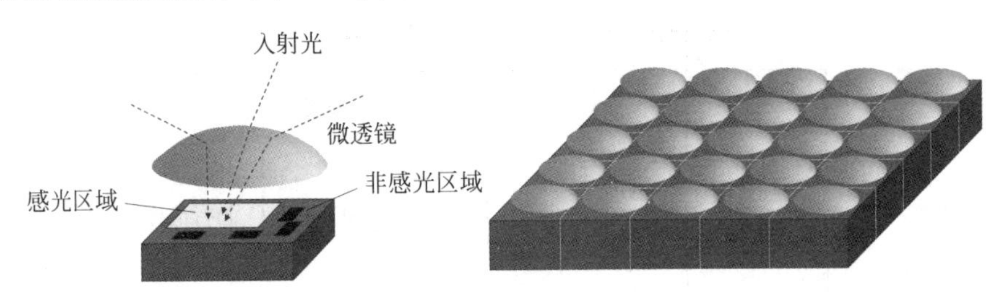

图 4.13　微透镜阵列示意图

上述 CMOS 像素结构称为前照式结构，这种结构在引入微透镜阵列后虽然有效提高了填充因子，但是电路部分的金属排线会反射入射光线，可能串扰旁边的像素，导致颜色失真。例如，中低档的 CMOS 排线所采用的金属是比较廉价的铝(Al)，铝对整个可见光波段基本保持 90% 左右的反射率。

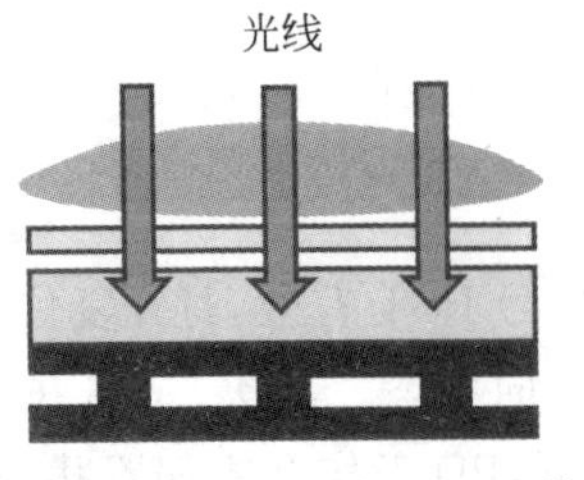

图 4.14　背照式 CMOS 结构示意图

在这样的背景下，背照式 CMOS 技术就应运而生了。背照式 CMOS 自上至下依次为微透镜、彩色滤光镜、光电二极管(光敏层)和电路层，如图 4.14 所示。这种结构带来 3 个好处：第一，光电二极管可以接收到更多光线，使CMOS具有更高的灵敏度和信噪比，改善低照度环境下的成像质量；第二，传感器上的微透镜性能更为提升，经过微透镜后的光线入射到感光面上的角度更接近垂直；第三，配套电路无须再和光电二极管争抢面积，可以集成更大规模的电路，有助于提高速度，实现超高速连拍等功能。

背照式CMOS的缺点是，由于电路层变得密度更高，电路和电路之间不可避免地会产生干扰，其结果就是低感光度下的信噪比可能会有所下降。

和CCD图像传感器一样，CMOS图像传感器也有线阵和面阵两类，其外观与线阵CCD和面阵CCD传感器相类似。

图4.15所示为线阵CMOS图像传感器结构示意图，图中把每个像素简化为一个光电二极管PD、一个放大器和一个行选通开关。所有像素排成一行，构成线阵CMOS图像传感器的光敏部分，每个像素的放大器输出放大的模拟电压信号，该信号反映了照射到该像素PD上光的强度。像素的选择靠时序产生器控制下的数字移位寄存器进行地址编码来完成，每个像素输出的电压信号经输出放大器进一步放大。

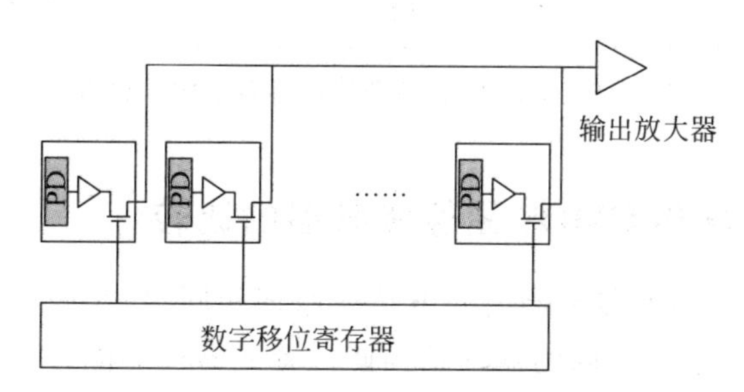

图4.15 线阵CMOS图像传感器结构示意图

图4.16所示为面阵CMOS图像传感器结构示意图。面阵CMOS图像传感器的像素按行列排成阵列，每个像素都有它在行和列方向上的地址，并可由两个方向的地址译码器进行访问。图像信号的输出过程是，在行方向地址译码器（例如采用移位寄存器）的控制下，按序接通每行像元上的模拟开关，光电信号通过行开关传送到列线上，再通过列方向地址译码器的控制，输送到放大器。这里，行和列开关的导通由两个方向地址译码器上所加的时序脉冲控制，可以实现逐行扫描或隔行扫描的输出方式，也可以只输出某一行或某一列的信号，还可选择你所希望观测的某些像素的光电信号。

在CMOS图像传感器的同一块芯片上，还可设置其他的数字处理电路，实现诸如自动曝光处理、非均匀性补偿、白平衡处理等功能，甚至还可以将具有运算和可编程功能的DSP器件制作在一起，从而形成多功能器件。在实际中，为了改善CMOS图像传感器的性能，常常将光敏单元与放大器制成复合结构，以提高灵敏度和信噪比。

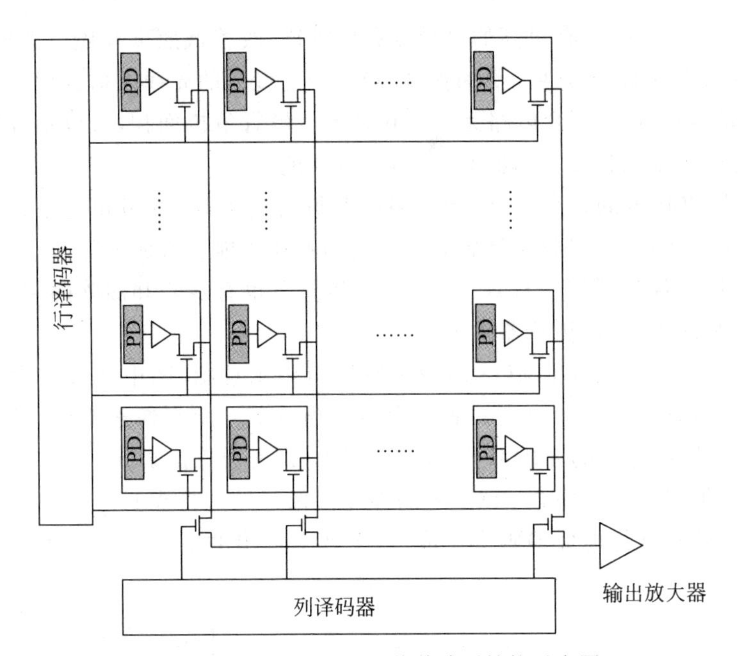

图 4.16　面阵 CMOS 图像传感器结构示意图

4.2.3　CCD 和 CMOS 图像传感器的比较

CCD 与 CMOS 图像传感器的光电转换原理相同，均在硅集成电路工艺上制作，但不同的制作工艺和不同的器件结构使二者在器件的能力与性能上存在一些差别，主要表现在以下 5 个方面：

(1) 读出方式不同。在成像过程方面，CCD 和 CMOS 使用相同的光敏材料，因而受光后产生电子的基本原理相同，但是读出过程不同。CCD 是在同步信号和时钟信号的配合下以帧或行的方式转移，整个电路非常复杂，读出速率慢；CMOS 则以行列译码的方式读出信号，电路简单，读出速率高。CMOS 的读出方式和用作计算机内存的 DRAM(dynamic random access memory，动态随机访问存储器)读出方式相同。这种随机访问的读出方式使 CMOS 具有读出任意局部画面的开窗能力，可用于在画面局部区域进行高速瞬时精确目标跟踪；而 CCD 采用按序读出信号的结构决定其开窗能力受限。

(2) 集成度和成本存在差异。CCD 读出电路比较复杂，很难将 A/D 转换、信号处理、自动增益控制、精密放大和存储功能集成到一块芯片上，一般需要几块芯片组合才能实现，并且 CCD 还需要一个多通道非标准供电电压；CMOS 的制造技术和一般计算机芯片没有差别，借助于大规模集成制造工艺，CMOS 图像传感器能非常容易地把上述 A/D 转换、信号处理等功能集成到单一芯片上，多数 CMOS 图像传感器同时具有模拟和数字输出信号。上述差异导致 CCD 的制造成本高于

CMOS。

(3) 功耗和体积不同。CCD需多种电源供电，功耗较大，体积也较大；CMOS只需一个单电源供电，其功耗仅相当于CCD的1/10，高度集成CMOS芯片的体积可以做得非常小。

(4) 动态范围和噪声水平存在差异。CCD的物理结构决定其通过电荷耦合方式把电荷转移到共同的输出端，使得噪声水平控制在极低状态；而CMOS由于其物理结构的限制，其噪声水平高于CCD。在动态范围方面，CCD大约比CMOS高2倍。此外，CCD的灵敏度比CMOS图像传感器高30%～50%。

(5) 光谱响应范围不同。CCD具有在可见光及近红外波段的完全响应能力；而CMOS像元的截止波长小于650 nm，对红光及近红外光响应困难。

总之，CCD和CMOS图像传感器各有利弊。CCD由于具有低噪声、高动态范围和高灵敏度，目前在性能方面仍然优于CMOS。但是，随着CMOS图像传感器技术的不断进步，在其本身具备的集成性、低功耗、低成本的优势基础上，噪声与敏感度方面有了很大的提升，与CCD传感器在性能方面的差距不断缩小。目前，在工业相机市场CMOS图像传感器已经成为主流。对于工件精密测量等高端应用，CCD相机是更好的选择。

4.3　彩色成像

CCD和CMOS图像传感器都是将入射光的强度转换成电信号，本身是没有颜色信息的。要想形成彩色图像，需要将入射的白光进行分光。分光的方式有两种：棱镜分光方式和滤光镜方式。

4.3.1　棱镜分光方式

分光棱镜彩色相机采用分色棱镜进行分光。分光棱镜能将光线分解成两束不同波长(颜色)的光，由两个两向色性的棱镜组合而成的三色棱镜组可以从白光中分出红、绿、蓝三色光的组合。

三色棱镜组分光的原理如图4.17所示。一束白光射入第一个棱镜，波长短、频率高的蓝色成分光束被低通滤镜涂层反射，而波长更长的低频光可以通过。蓝光经由棱镜另一面全反射后，由第一个棱镜射出。其余的光线进入第二个棱镜，然后红光被高通滤镜涂层反射，而波长较短、频率较高的绿光能够穿透。红光由棱镜另一面全反射后，由第二个棱镜射出。

利用三色棱镜组分光原理制成的彩色相机的成像原理如图4.18所示。三色棱镜组将从镜头射入的光分成3束，然后使用3块图像传感器分别感光。这些图像再由相机内部的处理器合成出一个分辨率高、色彩精确的图像。

此外，棱镜分光不仅可以将可见光分成红、绿、蓝3种单色光，还适用于从可见

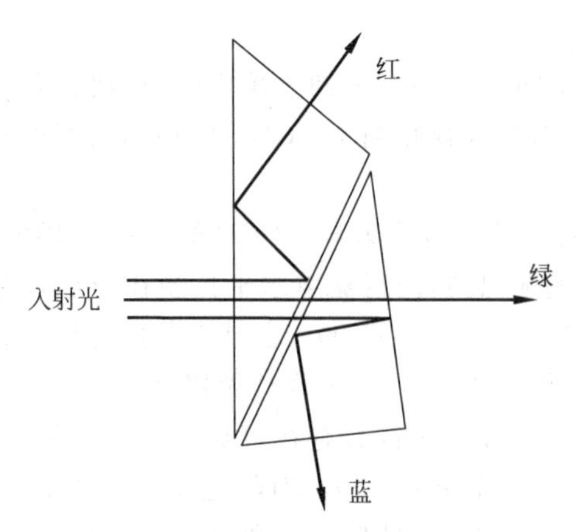

图 4.17　三色棱镜组分光原理示意图

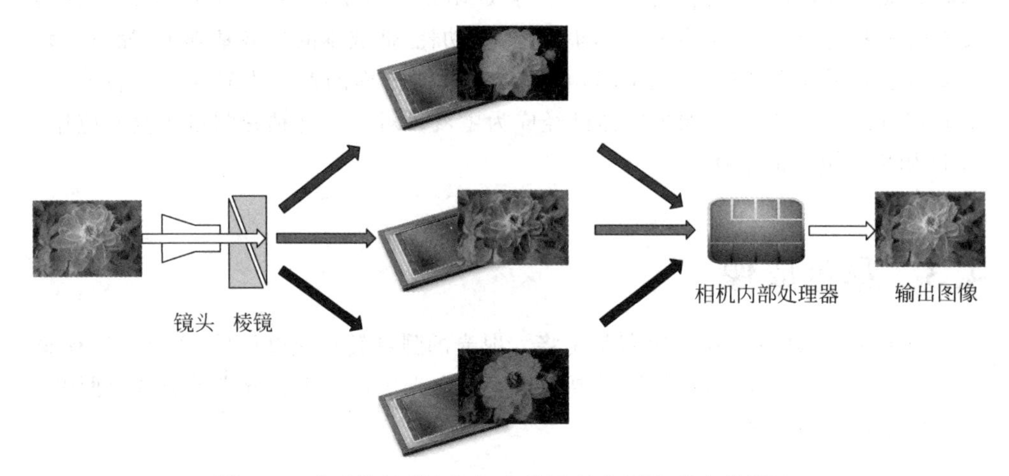

图 4.18　分光棱镜彩色相机成像原理示意图(见文前彩图)

光到近红外的光谱段,是多光谱相机的主要分光方式。采用棱镜分光的多光谱相机可以为半导体芯片及果蔬、食物、包装内部等材料的检查提供有效的辨别检测手段。

棱镜分光相机可以做到同点合成,因此拍摄的照片清晰度高。但是,棱镜分光相机所需器件多,体积大,结构复杂,其价格自然也比较昂贵。

4.3.2　滤光镜方式

滤光镜方式是在 CCD 或 CMOS 图像传感器之上安装一套镶嵌式的彩色滤光镜,以便让图像传感器区分颜色。滤光镜根据使用的颜色不同分成两种:一种是使用红(R)、绿(G)、蓝(B)三原色的原色滤光镜;另一种是使用青色(C)、黄色(Y)、品红色(M)和绿色(G)的补色滤光镜。

工业相机中最为常见的原色滤光镜是拜耳阵列(Bayer array)方案,它以发明人柯达公司的Bryce Bayer的名字命名。拜耳阵列的排列是RGGB，即两个绿色像素夹着一个红色像素或一个蓝色像素，如图4.19(a)所示。这种排列方式考虑到人眼对绿色更为敏感的事实，因此绿色像素的数量是红色和蓝色像素的2倍。

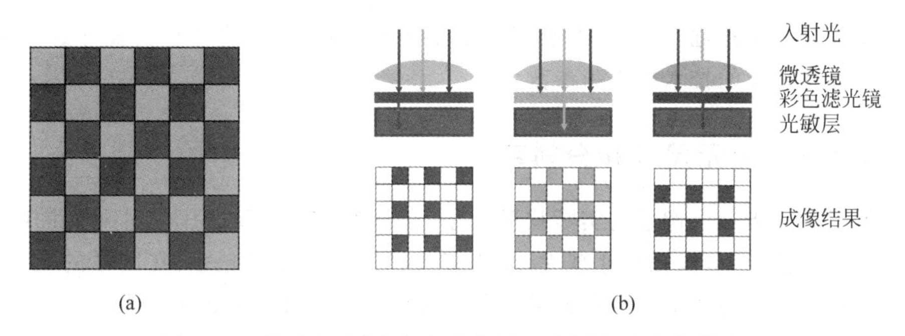

图4.19　拜耳阵列彩色相机成像原理示意图(见文前彩图)

由拜耳阵列获得的彩色图像的红、绿、蓝分量如图4.19(b)所示。由于拜耳阵列中红、绿、蓝3种颜色的光敏元件交替排列，每个像素点只能接收到其中一种颜色的信息。因此，为了从拜耳阵列格式得到每个像素的RGB值，需要通过插值填补缺失的另外两种色彩。插值的方法有很多，最常用的是最邻域插值和双线性插值等。最邻域插值是最简单的方法，就是将临近像素中的色彩值复制到当前像素。例如，图4.19(b)中左上角像素只有绿色分量的值，红色和蓝色缺失，最邻域插值就是把最临近的红、蓝像素中的红色与蓝色值复制到该像素中。双线性插值是使用若干邻近像素取均值，其缺点是由于均值法有低通特性，因此会将清晰的边界钝化。

原色滤光镜的缺点是牺牲了光通量，例如绿色的滤光镜只能通过绿光，而阻挡了红光和蓝光通过。为解决这一问题而引入了补色滤光镜。最常用的补色滤光镜是CYGM滤光镜。补色滤光镜提高光通量的原理十分简单，品红＝红＋蓝，所以品红滤光镜只阻挡绿光；黄色＝红＋绿，所以黄色滤光镜只阻挡蓝光；青色＝绿＋蓝，所以青色滤光镜只阻挡红光，相比RGB而言对白光的吸收变少了。

补色滤光镜和原色滤光镜一样，需要通过插值处理从周围的像素补充缺失的颜色。

和棱镜分光方式相比，滤光镜方式的优点是可以将颜色信息通过单一传感器捕捉，从而简化了设备的设计和制造过程。并且由于是在单个传感器上实现彩色图像的捕捉，降低了生产成本，所以是一种经济高效的技术。

滤光镜方式的不足之处是，由于颜色需要插值处理才能得到，所以色彩还原不如棱镜分光方式准确。此外，插值处理会造成空间分辨率的损失，导致图像细节不够清晰。

4.4 工业相机的技术规格和参数

在工业机器视觉系统中，工业相机是非常重要的硬件，为了获得良好的成像，需要了解其主要的技术规格和参数。

4.4.1 像元尺寸和分辨率

像元尺寸指一个像素的实际物理大小，在某种程度上反映了芯片对光的响应能力。一般情况下，像元尺寸越大，能够接收到的光子数量越多，在同样的光照条件下和曝光时间内产生的电荷数量越多。通常工业相机的像元尺寸为 2～14 μm。

分辨率是相机最基本的参数，由相机所采用的芯片分辨率决定。在采集图像时，相机的分辨率对检测精度有很大的影响，在对同样大的视场（景物范围）成像时，分辨率越高，对细节的展示越明显。

面阵相机的分辨率通常用水平方向的像素数×垂直方向的像素数来表示。例如，一台 5472×3648 个像素的工业相机，它的分辨率是 5472 个水平像素和 3648 个垂直像素，总像素数大约是 2000 万个。

线阵相机的分辨率通常以 k 为单位，例如 2k、4k、8k、16k 等，2k 代表线阵相机有 2048 个像元。

像元尺寸和像元数（分辨率）共同决定了相机靶面的大小。

需要说明的是，相机的分辨率和镜头的分辨率是两个不同的概念。镜头的分辨率、图像传感器的像元大小和分辨率共同决定了获取图像的质量。包括镜头和工业相机在内的整个成像系统的分辨率可以采用 3.6.2 节介绍的分辨率测试标板来测量。

4.4.2 传感器尺寸

传感器尺寸是工业相机的重要参数，指的是相机感光器件的靶面大小，也就是感光器件活动区域的大小。传感器尺寸越大，捕捉的光子越多，感光性能越好，信噪比越高，成像效果越好。

传感器尺寸用传感器靶面对角线长度表示。例如，传感器尺寸为 1/2 in 表示传感器靶面对角线长度为 1/2 in。在这里，1 in 代表 16 mm，而不是实际的 25.4 mm，这是有历史原因的。在电子成像技术刚开始的 20 世纪 50 年代和 60 年代，电视摄像机使用的感光器件是光导摄像管，而不是现在常见的 CCD 和 CMOS 图像传感器。光导摄像管直径的大小决定了成像面积的大小，因此就用其直径尺寸来表示不同感光面积的产品型号。光导摄像管是一种特殊设计的电子管，外面有玻璃罩，其直径是把玻璃厚度也算进去的，直径为 1 in 的真空管，实际成像区域只有 16 mm 左右。CCD 和 CMOS 出现后，沿用了光导摄像管的尺寸表示方法，于是 1 in 代表 16 mm 就成了电子成像行业的一个惯例。光导摄像管与 CCD/CMOS 成像区域的对比如图 4.20 所示，图中 CCD/CMOS 传感器的宽高比为 4∶3。

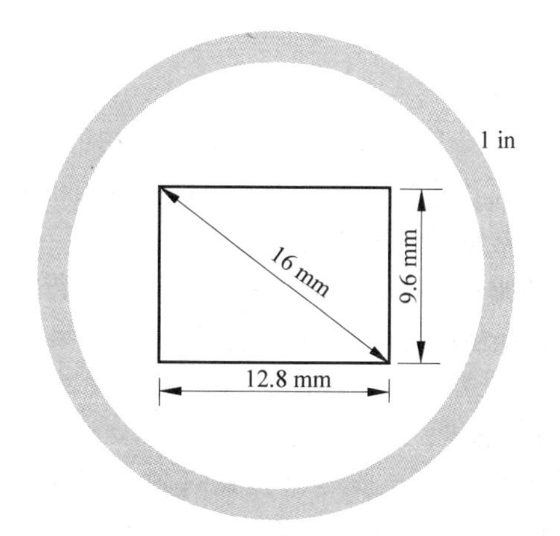

图 4.20　光导摄像管与 CCD/CMOS 成像区域对比

常见的工业相机传感器尺寸有 1 in、2/3 in、1/2 in、1/3 in、1/4 in 等，每种尺寸的传感器都有确定的靶面大小。可以使用 16 mm×n 计算得到传感器靶面的对角线长度，其中 n 是传感器尺寸。例如，1/2 in 传感器的对角线长度为 16 mm×1/2=8 mm，按照 4∶3 宽高比，利用勾股定理，可以计算出传感器的长和宽分别为 6.4 mm 和 4.8 mm。又如，2/3 in 传感器的对角线长度为 16 mm×2/3=10.67 mm，按照一般传感器的宽高比 4∶3，可以计算出传感器的长和宽分别为 8.54 mm 和 6.4 mm。

通过传感器的像元大小和分辨率，同样可以计算传感器尺寸。例如，某 CMOS 图像传感器的分辨率为 2472×2064，像元大小为 2.74 μm，则传感器的宽度为 2472×2.74 μm=6.77 mm，高度为 2064×2.74 μm=5.66 mm，对角线为 $\sqrt{6.77^2+5.66^2}=8.82$ mm，即传感器尺寸为 1/1.8 in。

传感器对角线长度的计算有助于选择正确的镜头。由于镜头像圈为圆形，相机靶面为长方形，因此镜头与相机搭配时，必须使镜头的像圈直径≥相机靶面的对角线长度。否则，相机靶面的四角会形成暗区从而影响成像质量，这种现象称为渐晕。图 3.13 有助于理解这一问题。

4.4.3　像素深度和图像采集速率

像素深度即每像素数据的位数，一般常用的是 8 位，对于高精度的工业相机还会有 10 位、12 位、14 位等。

图像采集速率对于面阵相机用帧率表示，线阵相机用行频表示。帧率是面阵相机每秒采集的帧数,单位是 fps(frames per second)。行频的单位是线阵相机每秒采集的行数,单位是 Hz,或者是 lps(lines per second)。例如某线阵相机行频为 16 kHz,表示每秒采集 16 k 行,即 16k lps。

4.4.4 快门类型

快门是相机用来控制图像传感器有效曝光时长的组件,是工业相机的重要组成部分,快门的结构、方式及功能是决定工业相机质量的一个重要因素。全局快门和卷帘快门是工业相机常见的两种快门类型。

全局快门是通过整幅场景在同一时间曝光实现的。传感器所有像素点同时收集光线,同时曝光。在曝光开始的时候,传感器开始收集光线;在曝光结束的时候,光线收集电路被切断,然后传感器读出为一幅图像。CCD 就是使用全局快门工作方式,所有像元同时曝光。

卷帘快门通常是由 CMOS 图像传感器逐行曝光的方式实现的。在曝光开始的时候,图像传感器逐行扫描,逐行进行曝光,直至所有像素点都被曝光。不同行像元的曝光时间不同,所有的动作都在极短的时间内完成。卷帘快门可以达到更高的帧速,但当物体移动较快时,卷帘快门记录到的图像和人眼看到的图像存在偏差,如图 4.21 所示。

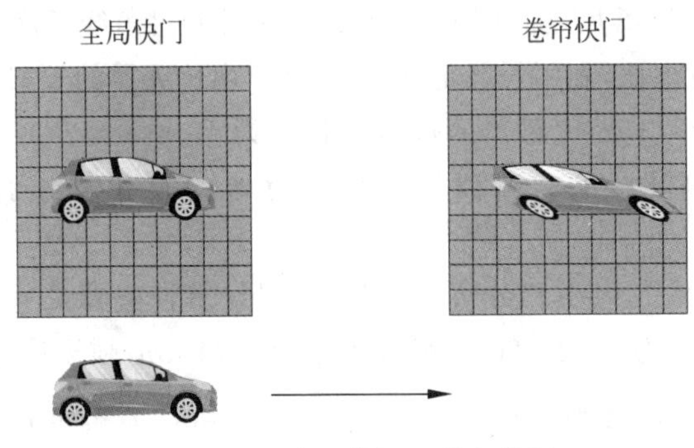

图 4.21 全局快门和卷帘快门

4.4.5 镜头接口

工业相机通过螺纹接口与镜头连接。工业相机的镜头接口包括 C 和 CS 两种类型,它们仅仅是接口方式不同,和工业相机镜头性能、质量并无直接关系。

C 接口和 CS 接口的接口直径和螺纹间距是一样的,都是 1.000"-32 螺纹,即每个螺纹的直径是 1 in,每英寸 32 圈螺纹。

C 接口和 CS 接口具有不同的法兰距,C 接口的法兰距为 17.526 mm,CS 接口的法兰距为 12.526 mm。法兰距也叫作像场定位距离,是指机身上镜头卡口法兰面到 CMOS 或 CCD 图像传感器之间的距离,如图 4.22 所示。

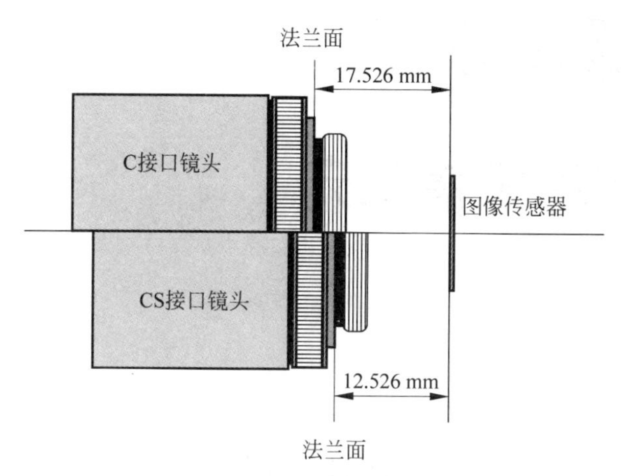

图 4.22　C 接口和 CS 接口

由于法兰距不同，相机和镜头的接口不匹配，即便装上也无法清晰对焦和成像。因此，C 接口的相机不能接 CS 接口的镜头。但是对于 CS 接口的相机，如果想接入 C 接口的镜头，只需要一个 5 mm 厚的 CS-C 转换环即可。

4.4.6　数据接口

数据接口用于将相机拍摄的图像数据传送给图像处理系统。有时候，数据接口和电源也会放在一起，使数据接口既能提供数据传输，又能提供相机电源。随着时代的变化，这类即插即用的工业相机越来越普遍。

相机的数据接口将在第 5 章详细介绍。

第5章

图像采集单元

图像采集单元是连接工业相机和机器视觉计算机的硬件设备，用于将工业相机输出的图像信号传输到计算机中，以数据文件的形式保存在存储设备上，以便进行后续处理。图像采集卡(frame grabber)是图像采集单元的一种实现方式，它以插卡的形式安装在计算机上，将工业相机输出的图像传输至计算机中。但是，并不是在任何情况下都需要独立的图像采集卡，这取决于工业相机的数据接口。一些接口，例如 Camera Link 需要单独的图像采集卡；而另外的接口，例如 USB3 Vision 则不需要。

5.1 工业相机的数据接口

工业相机的数据接口指的是工业相机和机器视觉计算机之间连接数据线的电气接口。随着工业相机技术的更新迭代，目前工业相机数据接口已经形成了几种行业标准，包括 USB3 Vision、GigE Vision、Camera Link、CoaXPress 和 Camera Link HS。图 5.1 为这几种标准的标志。

图 5.1　主要工业相机数据接口行业标准标志

5.1.1 USB3 Vision

USB 是通用串行总线(universal serial bus)的英文缩写，它是目前应用最为广泛的计算机标准接口，可以将各种各样的外部设备与计算机进行连接。USB 有多种版本，传输速率从 1996 年发布第一代标准时的 1.5 Mbps 发展到 2019 年发布的第六代标准 USB4 的 40 Gbps。目前在工业相机中应用最广泛的是 USB3。USB3 包括不同的版本，并且在发展过程中经历了不止一次改名。表 5.1 列出了各版本的其他用名、别名和数据传输速率。

表 5.1　USB3 的版本

版　　本	其他用名	别　　名	数据传输速率/Gbps
USB 3.2 Gen 1	USB 3.0、USB 3.1 Gen 1	SuperSpeed USB 5 Gbps	5
USB 3.2 Gen 2	USB 3.1 Gen 2、USB 3.2 Gen 2x1	SuperSpeed+ USB 10 Gbps	10
USB 3.2 Gen 2x2		SuperSpeed+ USB 20 Gbps	20

A3 基于 USB3 接口制定了 USB3 Vision(USB3 视觉)标准，这是一个高速图像传输接口标准，是 USB3 接口在工业相机领域的应用。图 5.2 所示为典型的符合 USB3 Vision 标准的相机后面板示意图。

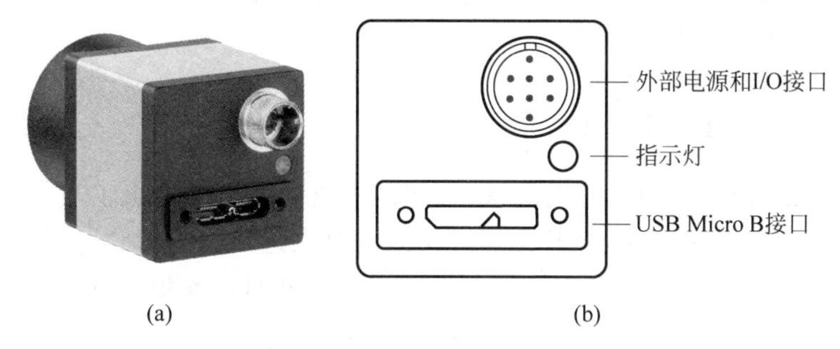

图 5.2　USB3 Vision 相机

USB3 Vision 支持 5 Gbps、10 Gbps 和 20 Gbps 高速数据传输，这对于高分辨率和高速图像传输非常重要。USB3 Vision 支持热插拔，支持即插即用，使得相机安装和更换变得非常方便。由于 USB3 接口在大多数现代计算机系统中都很常见，因此 USB3 Vision 相机可以轻松地集成到现有系统中，无需额外的图像采集卡。

USB 3.0 可以提供更多的电力，供电电压为 5 V，最大电流为 900 mA，这使得相机可以通过 USB 接口供电，减少了额外的电源需求。USB3 Vision 相机一般也支持额外的电源，利用外部电源和 I/O 接口供电。

USB 接口支持双向数据传输，允许相机和主机之间进行控制和配置信息的交换。USB3 Vision 提供多相机支持，可以通过 USB 集线器(Hub)或扩展器来连接多台相机，如图 5.3 所示。需要注意的是，这种连接多台相机的方式可能导致性能下降，因为通过集线器连接的所有相机共享可用带宽。

USB3 Vision 有良好的软件支持，存在多种支持 USB3 Vision 标准的软件库和开发工具，使得相机集成和图像处理变得简单。USB3 Vision 是一个开放标准，这使得不同厂商的相机和软件可以实现互操作。

然而，USB3 的传输距离存在限制，最大线缆长度为 5 m，所以不适合需要更长距离传输的应用。

USB3 Vision 接口适合于多种工业成像和机器视觉应用，尤其是在需要高速

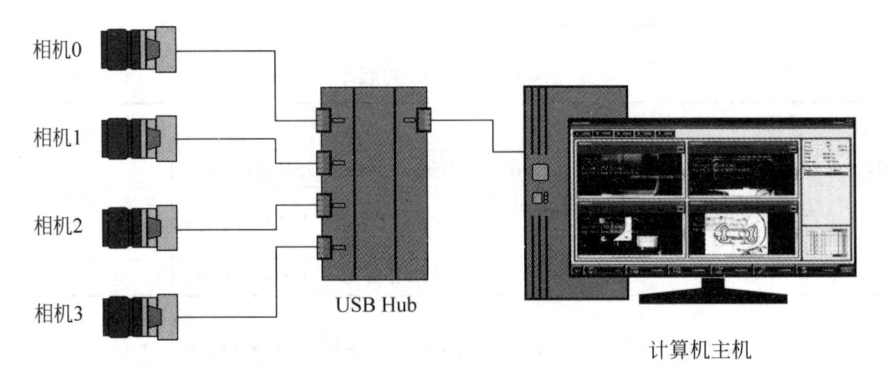

图 5.3　多台 USB3 Vision 相机连接示意图

数据传输但传输距离较短的情况下。它的即插即用特性和广泛的兼容性使其成为许多集成商和最终用户的首选。

5.1.2　GigE Vision

GigE Vision(GigE 视觉)也是 A3 制定的工业相机接口标准,以千兆以太网通信协议为基础开发,旨在使用现成的以太网线缆在远距离上提供快速图像传输。图 5.4 所示为典型的符合 GigE Vision 标准的工业相机后面板示意图。

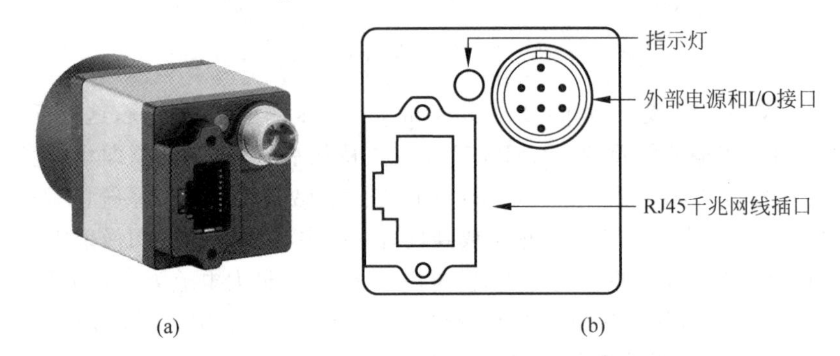

图 5.4　GigE Vision 相机

对于运行机器视觉系统软件的计算机或服务器与目标之间存在较大距离的应用,GigE Vision 是更好的解决方案,其连接的线缆长度可以延伸至 100 m。

GigE 相机支持借助以太网供电(power over Ethernet,PoE)技术来通过数据线供电。这需要使用适当的 GigE 线缆(CAT 6 线缆)、安装在 PC(personal computer,个人计算机)中的接口卡或特殊交换机或集线器,或者是在 PC 和相机之间连接小型的 PoE 供电模块。采用 PoE 供电技术后便不再需要使用额外的线缆供电,因此简化了相机整个系统安装的复杂过程,尤其适用于安装空间有限的场合。此外,仅使用一根线缆进行电源和数据传输,可减少需要安装的部件数量,从而节省成本。图 5.5 所示为采用称为 GigE PoE 注入器(injector)的 PoE 供电模块为工业 GigE

相机供电的示意图。

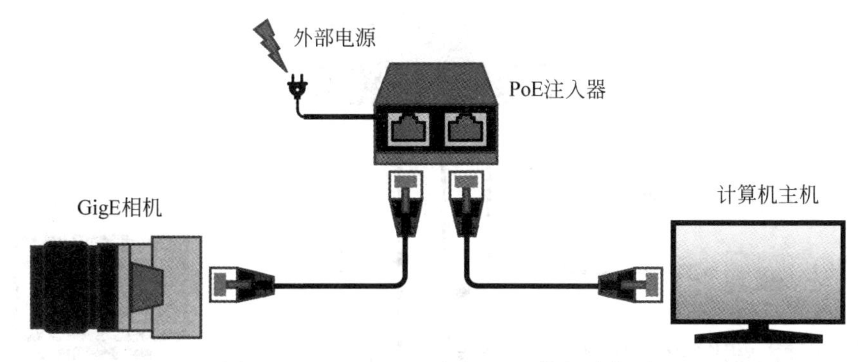

图 5.5 GigE Vision 相机 PoE 供电示意图

GigE Vision 工业相机一般也支持额外的电源，可以利用外部电源和 I/O 接口供电。

GigE Vision 标准的一个重要组成部分是精密时间协议(precision time protocol，PTP)。PTP 标准化了系统中组件精确同步时间的方式，精度可达纳秒级。在某些应用场合，如果需要处理来自多台相机的图像，则图像记录的精确时间或准确的先后顺序对后续处理至关重要。利用 PTP 可以轻松实现多台工业相机的精确同步。

GigE Vision 支持不同的传输速率，标准 GigE(或 1GigE)能够实现 1 Gbps 的数据传输速率，而 5GigE 和 10GigE 分别能够实现 5 Gbps 和 10 Gbps 的传输速率。使用更高带宽的 GigE 接口时需要 CAT6 线缆，这与办公室或家庭中大多数路由器连接使用的 CAT5 网络线缆不同，因而需要特殊的布线和设备才能运行。

因为大多数现代计算机系统都具备千兆以太网接口，所以 GigE 相机可以很容易地集成到现有系统中，无需额外的图像采集卡。利用网络交换机可以连接多台相机，并且如果交换机支持 PoE 功能，还可以使用交换机通过 CAT6 网线为 GigE PoE 工业相机供电，如图 5.6 所示。需要注意的是，这种连接多台相机的方式可能导致性能下降，因为所有相机共享可用网络带宽。

GigE Vision 自从 2006 年推出以来，已经在全球范围内被采用，大多数主要的工业视频硬件和软件供应商都开发了符合 GigE Vision 的产品。通过遵循相同的标准，来自不同供应商的产品可以实现互操作，这也是 GigE Vision 的优势。此外，由于它利用标准的以太网式接口，价格相对便宜。

GigE Vision 的缺点是对所连接的计算机在性能方面有较高的要求。

5.1.3 Camera Link

Camera Link 起源于美国 National Semiconductor 公司的 Channel Link 技术，最初是一种将视频信号传输到平板显示器的解决方案。在 Channel Link 的基础

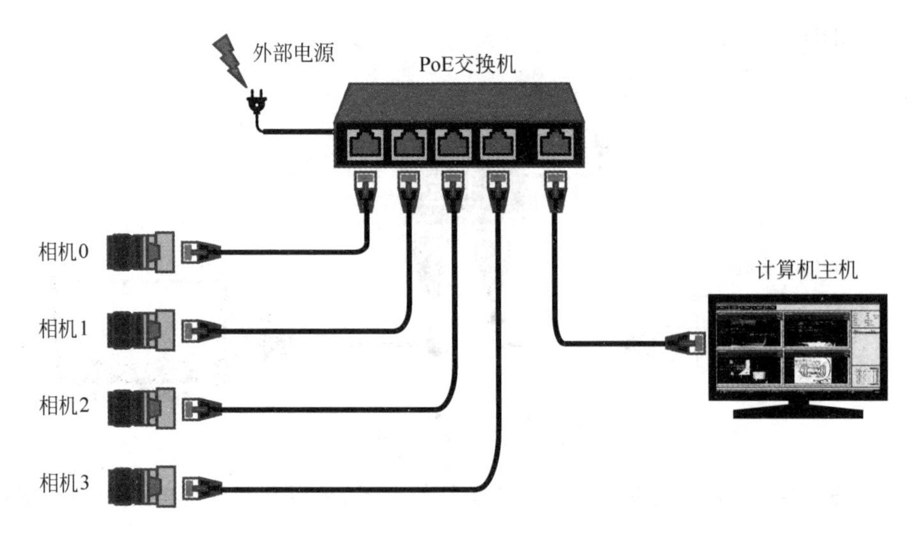

图 5.6 多台 GigE PoE 工业相机连接示意图

上，A3 联合一些专做图像采集卡和工业相机的公司对其进行标准化，形成了 Camera Link 协议，于 2000 年发布。目前 Camera Link 已经成为工业机器视觉领域广泛采用的行业标准，符合 Camera Link 标准的产品都可以相互兼容，用户不必担心不同制造商之间的兼容性。

Camera Link 定义了完整的接口，包括数据传输、相机定时、串行通信和相机的实时信号。Camera Link 是目前唯一的实时机器视觉协议。

Camera Link 的基本技术是低压差分信号(low voltage differential signaling, LVDS)技术。LVDS 传输一个信号需要两条信号线，两条线上的电压差值对应于不同信息。LVDS 是一种低摆幅的差分信号技术，电压摆幅在 350 mV 左右，具有扰动小、跳变速率快的特点。所以 Camera Link 有实时、高速的特点，高带宽保证了密集数据的快速传输，采用串行差分传输的方式使得抗干扰能力也非常突出。

Camera Link 使用专用连接器和线缆来标准化相机与图像采集卡之间的连接，有 3 种连接器被批准用于 Camera Link，如图 5.7 所示。第一种是 0.050 in 间距的 Camera Link(CL)连接器，典型产品是 3M 公司的 26 针 Mini Delta Ribbon (MDR)连接器，业界一般称其为 MDR26 连接器。第二种是 0.031 in 间距的微型 Camera Link(miniature Camera Link，MiniCL)连接器，典型产品是 3M 公司的 26 针 Shrunk Delta Ribbon (SDR)连接器，业界一般称其为 SDR26 连接器。这两种连接器都有 360°的三角形金属外壳，包围着插头和插座触点，在连接时可提供屏蔽和适当的极性，这正是 MDR 和 SDR 中 Delta 一词的由来。这两种连接器具有相同的内部连接，只是插头的尺寸不同，目前在机器视觉系统中获得广泛应用。第三种是 PoCL Lite 连接器，典型产品是 3M 公司的 14 针 Shrunk Delta Ribbon (SDR)连接器，业界一般称其为 SDR14 连接器，目前该连接器应用还比较少。

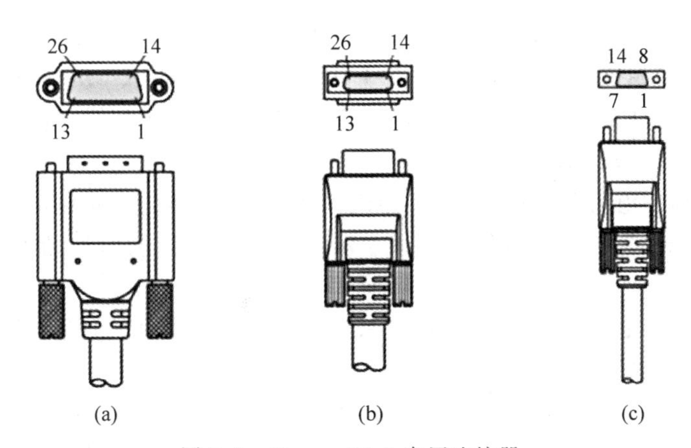

图 5.7 Camera Link 专用连接器

(a) MDR26 连接器；(b) SDR26 连接器；(c) SDR14 连接器

Camera Link 接口提供了 3 种配置选项：Base(基本)、Medium(中等)和 Full(完整)，以适应不同速度相机的需求。Base 模式需要一块 Channel Link 芯片和一个 Camera Link 机械接口，使用单根线缆连接相机和图像采集卡。每个时钟里发送 24 bit 图像数据，最大时钟速度为 85 MHz，最大数据吞吐量为 2.04 Gbps。Medium 模式需要两块 Channel Link 芯片和两个 Camera Link 机械接口，使用两条线缆连接相机和图像采集卡。每个时钟里发送 48 bit 图像数据，最大时钟速度为 85 MHz，最大数据吞吐量为 4.08 Gbps。Full 模式需要 3 块 Channel Link 芯片和两个 Camera Link 机械接口，使用两条线缆连接相机和图像采集卡。每个时钟里发送 64 bit 图像数据，最大数据吞吐量为 5.44 Gbps，同样在 85 MHz 下运行。图 5.8 所示为典型的 Camera Link 接口相机后面板示意图，该相机具有两个 MDR 连接器，可以支持 Full 模式数据传输。

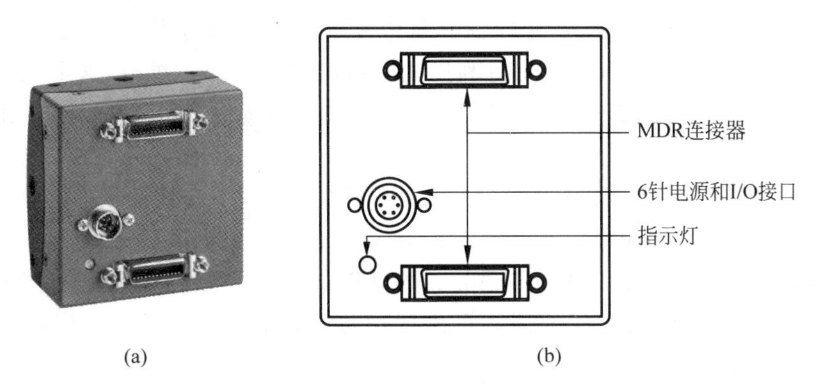

图 5.8 Camera Link 相机

除 3 种标准模式以外，某些相机和数据采集硬件制造商将接口的带宽扩展到超出了 Camera Link 接口规范的限制，通过两个连接器和线缆产生高达 80 bit 的数据通路宽度,从而使数据吞吐量达到 6.8 Gbps。目前业界已经就 80 bit 模式达成共识,兼容的相机和图像采集卡称为 Camera Link Deca 或 Extended Full 模式。

Camera Link 标准允许由图像采集卡通过 Camera Link 线缆给相机供电,这一技术称为 Camera Link 供电(power over Camera Link,PoCL)。PoCL 使单根线缆能够同时提供电力和数据,无需单独的电源线,从而节省安装空间和成本,这在低成本应用中非常有用。当然,Camera Link 标准也允许利用外部电源和 I/O 接口为相机供电。

Camera Link 的传输距离相对较短,一般在 10 m 以内。但是,通过使用特殊的扩展设备,如光纤转换器,可以显著增加传输距离。

尽管 Camera Link 接口具有许多优势,但是它只能和匹配的图像采集卡相配合才能与计算机相连接,因而具有较高的成本,有时需要专业知识进行安装和配置,不如 USB3 Vision 和 GigE Vision 方便。

5.1.4 CoaXPress

机器视觉应用对影像传输速率的要求不断提高,例如在 3D AOI 系统中,必须以高分辨率成像,并且不能出现明显的延迟,这使得相机的数据传输速率大幅提高,超出了传统接口如 GigE Vision 甚至是 Camera Link 的限度。在这样的背景下,出现了 CoaXPress 和 Camera Link HS 接口标准。

CoaXPress 简称 CXP,是一种高性能的数字相机接口标准,在工业机器视觉领域得到广泛应用。CoaXPress 标准由日本工业成像协会(Japan Industrial Imaging Association,JIIA)主持,并得到 A3 和欧洲机器视觉协会(European Machine Vision Association,EMVA)的支持。CoaXPress 于 2011 年成为全球标准,2021 年升级至 2.0 版。

CoaXPress 使用标准 75 Ω 同轴电缆作为传输介质,除了传送图像信息,也可以传送控制信息。CoaXPress 支持利用同轴电缆对相机进行供电,这个能力称为 Power-over-Coax(PoCXP),一条 CoaXPress 线缆可以提供 24 V 直流电源,最大功率为 13 W。

CoaXPress 使用 BNC 连接器、微型 BNC(Micro-BNC)连接器或 DIN 1.0/2.3 连接器连接相机和图像采集卡。BNC 的含义是 Bayonet Neill-Concelman,来自两位发明者 Paul Neill 与 Carl Concelman 的姓氏。BNC 连接器是常见的同轴电缆连接器,具有良好的抗干扰性能和可靠的信号传输。Micro-BNC 连接器也称为 HD-BNC 连接器,它比标准 BNC 连接器小,并且能提供更好的信号特性的坚固机械连接。DIN 是德国标准化学会(Deutsches Institut für Normung)的德文缩写,DIN 1.0/2.3 连接器通常用于高频信号传输,适用于对带宽要求较高的应用场景。图 5.9 所示为这 3 种连接器。

CoaXPress 支持 7 种不同的传输速率,随着传输速率的提高,传输距离有所降

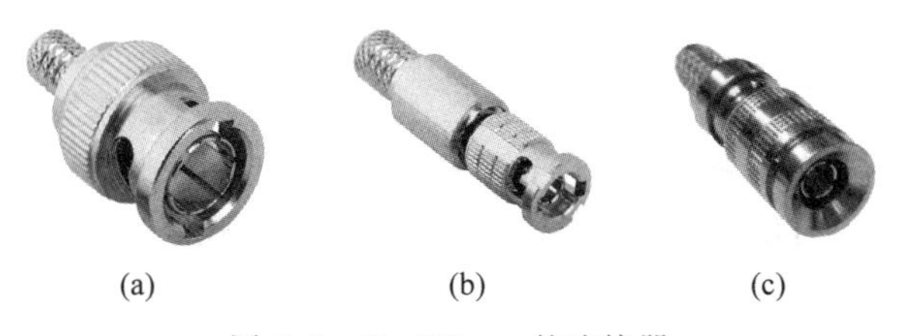

(a) (b) (c)

图 5.9 CoaXPress 的连接器

(a) BNC；(b) Micro-BNC；(c) DIN 1.0/2.3

低。表 5.2 列出了 CoaXPress 的传输速率和该传输速率下典型的最大线缆长度。

表 5.2 CoaXPress 的传输速率和最大线缆长度

CXP 速率	传输速率/Gbps	最大线缆长度/m
CXP-1	1.250	130
CXP-2	2.500	110
CXP-3	3.125	100
CXP-5	5.000	60
CXP-6	6.250	40
CXP-10	10.000	40
CXP-12	12.500	30

CoaXPress 支持通过多个通道实现更快的数据传输速率，例如 CXP-12 单条同轴电缆最高可达 12.5 Gbps 的传输速率，使用 4 条线缆可以最高提供 50 Gbps 的传输速率。图 5.10 所示为典型的 CoaXPress 接口相机后面板示意图，该相机使用 4 条同轴电缆与图像采集卡相连接。

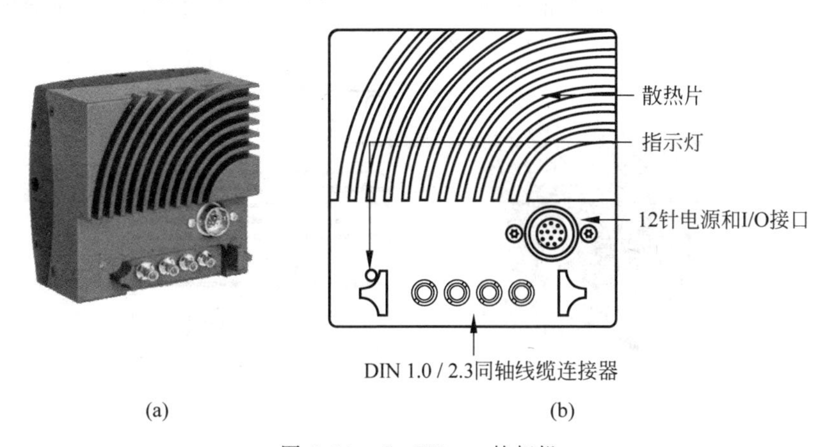

(a) (b)

图 5.10 CoaXPress 的相机

CoaXPress 相机必须和匹配的图像采集卡相配合才能与计算机连接，使用起来不如 USB3 Vision 和 GigE Vision 方便，并且价格也比较昂贵。

5.1.5 Camera Link HS

Camera Link HS 简称 CLHS，全称 Camera Link High Speed，即高速 Camera Link。Camera Link HS 于 2012 年推出，由 A3 主持开发，它从 Camera Link 发展而来，建立在 Camera Link 的低延迟、零抖动和实时传输的基础之上。Camera Link HS 能够提供更高的带宽和更加可靠的数据传输，支持铜质电缆和光纤布线。更为重要的是，A3 提供了 Camera Link HS 的 VHDL 语言 IP(intellectual property，知识产权)核，这些 IP 核的代码是开源的，商业应用的价格仅为 1000 美元，用户可以方便地将其用于相机和图像采集卡的开发，并且已经在 Altera 和 Xilinx 的 FPGA 上得到应用，从而促进了该标准的推广和相关技术的普及。

CLHS 使用两个物理层编码实现其协议：M 协议和 X 协议。M 协议的 IP 核使用 8b/10b 编码技术，可用于低成本和低功耗 FPGA 中。它采用 C2 信号和 F2 信号，C2 信号使用铜质电缆和 CX4 连接器，线缆长度达 15 m；F2 信号使用有源插接式光纤，连接器为 SFP+，可以实现 300 m 以上传输距离。M 协议的缺省传输速率为每通道 3.125 Gbps，最高可以达到 5 Gbps。

X 协议的 IP 核使用 64b/66b 编码技术，主要用于 10 Gbps 和更高的传输速率。它采用 C3 信号、F2 信号和 X 协议独有的 F3 信号。F3 光纤采用 QSFP 和 MPO 连接器。光纤连接每通道的传输速率默认为 10.3125 Gbps，同时支持 12.5 Gbps、13.75 Gbps、15.9375 Gbps 和 25.78125 Gbps 等更高的速率，传输距离可以达到 300 m 或更长。C3 信号采用铜质电缆和 CX4 连接器，可以实现 10.3125 Gbps 和 12.5 Gbps 的传输速率，但是传输距离只有 15 m。

图 5.11 所示为两款典型的 Camera Link HS 接口工业相机后面板示意图。

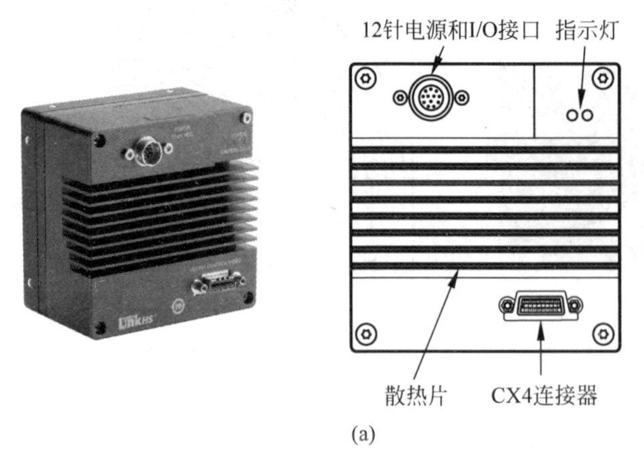

(a)

图 5.11 Camera Link HS 接口相机

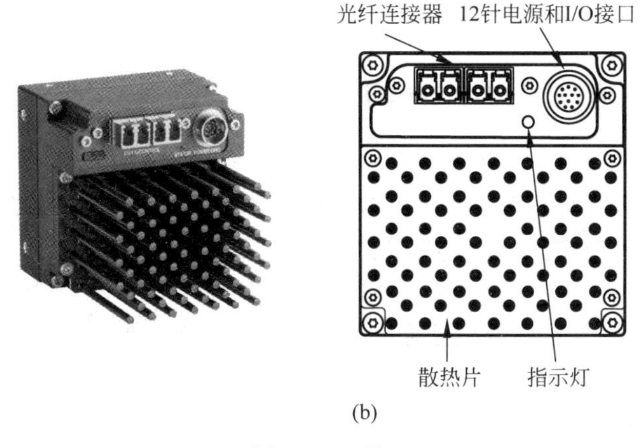

(b)

图 5.11 （续）

5.1.6 主流工业相机数据接口标准比较

表 5.3 对当前主流的工业相机接口标准进行了比较。

表 5.3 主流工业相机接口标准比较

属　性	USB3 Vision	GigE Vision	Camera Link	CoaXPress	Camera Link HS
线缆种类	USB 3.0	Cat5 或 Cat6 网线	Camera Link	同轴电缆	铜质电缆或光纤
线缆供电功率/W	4.5	13	13	13	不支持
单条线缆传输速率/Gbps	5	1、5(5GigE)/10(10GigE)	2.04(Base)	12.5	3.125(铜质电缆)/10.3125(光纤)
最大传输速率/Gbps	5	1、5(5GigE)/10(10GigE)	5.44(Full，两条线缆)	$N\times12.5$	$N\times3.125$(铜质电缆)/$N\times10.3125$(光纤)
最大传输距离/m	5	100	10	130(@1.25 Gbps)/30(@12.5 Gbps)	15(铜质电缆)/大于300(光纤)
数据完整性	无	CRC/重传	无	CRC	CRC
实时触发	否	否(1GigE)/大于25 ns(5GigE、10GigE)	是	±4 ns	否
网络拓扑	星型	分布式	点对点	点对点	点对点
是否需要图像采集卡	否	否	是	是	是
操作系统直接支持	是	是	否	否	否
系统成本	低	低	高	中	中
工业应用	广	广	广	中	少

5.2 相机通用接口 GenICam

由 5.1 节可知,工业相机的数据接口种类很多,如果用户的机器视觉系统中有不同接口的相机,那么对于每一个接口都可能要编写相应的接口程序,或者每增加一种新的接口的相机都需要添加新的接口程序。即使相同接口的相机,如果来自不同厂家,那么厂家提供的 SDK(software development kit,软件开发工具包)也可能是不同的。这样就给机器视觉系统的软件开发带来了很多不便,GenICam 就是在这样的背景下提出的。

GenICam(generic interface for cameras,相机通用接口)是 EMVA 提出的一套协议标准,目的是为各种设备(主要是相机)提供一个通用的编程接口,无论该设备的接口是 USB3 Vision、GigE Vision、Camera Link、CoaXPress,还是 Camera Link HS,它们使用的 API(application programming interface,应用程序编程接口)都是相同的。GenICam 的系统结构如图 5.12 所示。

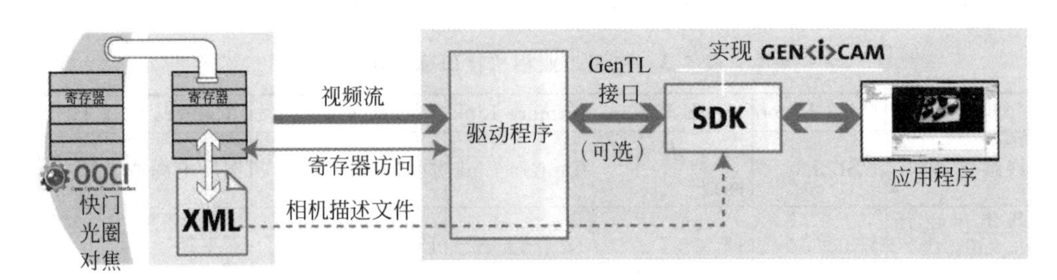

图 5.12 GenICam 系统结构示意图

GenICam 由一系列模块组成,主要模块包括 GenApi、SFNC、GenTL、GenDC 和 GenCP 等。

GenApi 有时就简称 GenICam 标准,它定义了用于在设备中通过自描述 XML 文件提供通用 API 的机制。GenApi 的一部分是 Schema,它定义了 XML 文件的格式。该 XML 文件描述如何访问和控制兼容相机或其他成像产品的功能,使用这个文件,从 XML 到 C++的转换器直接生成一个 API,这样用户就可以轻松地访问相机的特性,例如增益、曝光时间等,以及相机上可用的功能。

SFNC (standard features naming convention,标准功能命名约定) 是大多数用户看到的 GenICam 的部分,它规范了设备功能的名称、类型、含义和使用,以便来自不同供应商的设备始终为相同的功能使用相同的名称。这些功能通常以树状图显示,或者可以由应用程序直接控制。一个相关的标准是 PFNC(pixel format naming convention,像素格式命名约定),它定义了如何一致地命名像素格式,并列出了正在使用的格式。SFNC 的另一个扩展是 OOCI(open optics camera interface,开放光学相机接口),它为相机的光学元件或连接到相机的光学部件提供了一个标准接口，无论相机是基于什么有线接口技术构建的。

GenTL 用于使传输层(transport layer,TL)编程接口标准化，它是一种低级的API，可以为设备提供标准接口，而不考虑传输层有无图像采集卡。它允许枚举设备、访问设备寄存器、流式传输数据和传递异步事件。GenTL 还有自己的 SFNC 和 GenTL 生产者实施框架，该框架可供 GenICam 标准组的相关成员使用。

GenDC 是一种可移植的通用数据容器(data container,DC)格式，允许设备以独立于传输层协议(transport layer protocol,TLP)的格式发送任何形式的数据，如1D、2D、3D、多光谱、元数据等，并允许为所有 TLP 标准共享一个通用的数据容器格式。

GenCP 是一个关于控制协议(control protocol,CP)的低级标准，用于定义设备控制的数据包格式，并由接口标准使用，以避免它们需要为每个新标准重新发明控制协议。

5.3 图像采集卡

图像采集卡是将工业相机的输出视频或图像信号，通过计算机总线传输到计算机内存，使计算机能对相机拍摄到的图像进行存储、处理和显示的硬件设备。USB 和 GigE 是当前 PC 的标准接口，所以采用这些接口的中低端工业相机无需额外的图像采集卡就可以与计算机相连接。然而，对于高端工业相机而言，其高分辨率和高帧率带来的巨大数据量是 USB 和 GigE 无法胜任的，而 Camera Link、CoaXPress 和 Camera Link HS 并不是 PC 的标准接口，所以对于采用这些接口的工业相机而言，必须通过图像采集卡将图像数据无损地采集到计算机中。在这一意义上，图像采集卡是高端机器视觉系统的重要组成部分，在捕获高分辨率、高质量图像方面发挥着至关重要的作用。

5.3.1 图像采集卡的基本结构

典型的图像采集卡由相机数据接口、控制逻辑、图像采集与处理、板上缓存、主机接口和外部电源等模块组成，如图 5.13 所示。

相机数据接口模块实现相机的数据接口协议，如 Camera Link、CoaXPress 和 Camera Link HS。外部电源模块实现线缆供电功能，用于支持 Camera Link 的 PoCL 和 CoaXPress 的 PoCXP。板上缓存模块由 DDR 内存芯片构成，由于图像数据量大并且传输的速率很高，所以图像采集卡需要提供板上内存以缓存大量的图像数据。控制逻辑和图像采集与处理模块实现图像采集卡的核心功能。

主机接口模块实现与主机的通信。PC 自问世以来，经过几十年的发展，外部设备对总线传输速率和带宽的要求越来越高，传统的并行数据传输总线技术逐渐成为系统整体性能提升的瓶颈。作为第三代 I/O 总线标准，PCI Express(简称

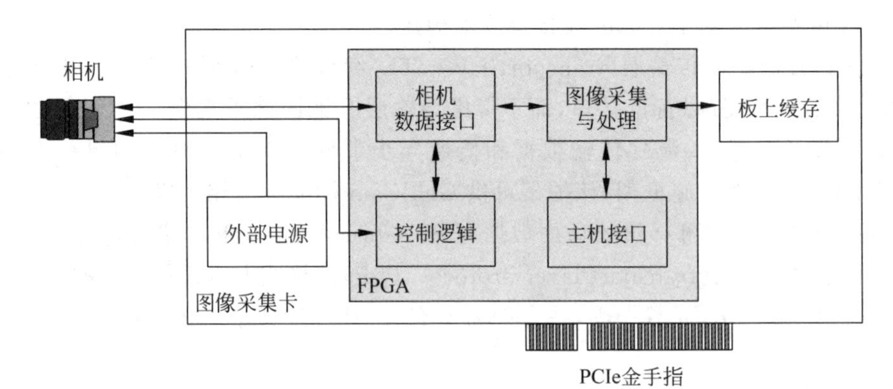

图 5.13 图像采集卡的基本结构

PCIe)总线采用串行点对点总线技术，在系统带宽和传输速率等方面具有传统并行总线无可比拟的优势，成为目前 PC 的标准 I/O 总线。因此，主流的图像采集卡都采用 PCIe 总线。

PCIe 采用差分串行传输方式，一条通道由一对差分信号线实现发送和接收。对于目前广泛应用的 PCIe 3.0 和 4.0 标准而言，前者每个数据通道的传输速率为 8 Gbps，后者为 16 Gbps。PCIe 具有良好的灵活性，可以配置成 x1、x2、x4、x8、x16 及 x32 链路模式，从而使得数据带宽可以根据实际需要进行弹性配置。例如，在 PCIe 4.0 标准下，PCIe x4 的最大速率可以达到 64 Gbps。

目前，主流的图像采集卡采用 FPGA(field programmable gate array，现场可编程门阵列)实现其各种功能。与属于冯·诺依曼体系结构的 CPU 和 GPU 相比，作为一种本质上无指令和无须共享内存的体系结构，FPGA 无论对于计算密集型任务和通信密集型任务都有着更快的速度和能效。此外，主流 FPGA 芯片具备高带宽数据传输通道和丰富的 I/O 接口，并且 FPGA 可以被重新编程来执行新类型的计算任务。这些性质很好地满足了图像采集卡的需求。图 5.14 所示为一款典型的 CoaXPress 接口图像采集卡，其中散热风扇下的芯片即为 FPGA，这款图像采集卡有 4 个同轴电缆接口。

图 5.14 图像采集卡

5.3.2 图像采集卡与工业相机的连接

Camera Link、CoaXPress 和 Camera Link HS 接口的工业相机必须通过图像采集卡实现与计算机连接。以具有 4 个同轴电缆接口的 CoaXPress 图像采集卡为例，它可以实现多种不同的连接方式，如图 5.15 所示。图 5.15(a)所示为单台相机通过 4 条同轴电缆与图像采集卡连接，在传输速率为 CXP-12 的条件下，相机与主机之间最大可以达到 50 Gbps 的传输速率；图 5.15(b)所示为两台相机各通过两条同轴电缆与图像采集卡连接，每台相机与主机之间最大可以达到 25 Gbps 的传输速率；图 5.15(c)所示为 4 台相机各通过一条同轴电缆与图像采集卡连接，每台相机与主机之间最大可以达到 12.5 Gbps 的传输速率。

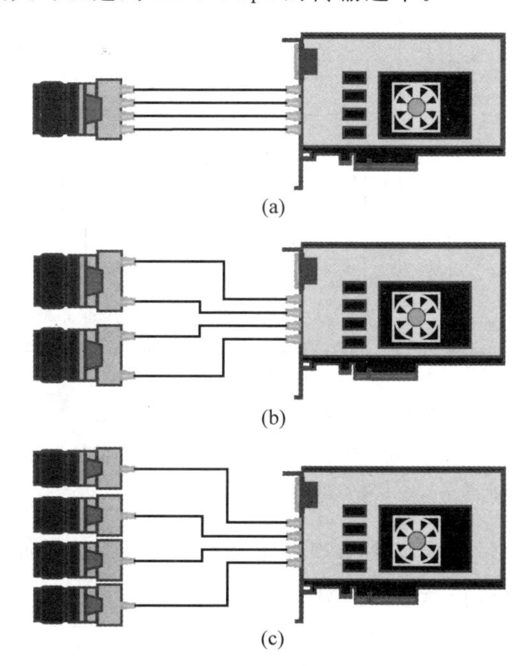

图 5.15 图像采集卡与工业相机的连接

5.3.3 图像采集卡的核心功能

图像采集卡的核心功能包括图像重建、定时和触发以及板上内存缓冲区管理等。除此之外，为了减轻主计算机 CPU 的工作负担，图像采集卡一般也会做适当的图像预处理工作。

1. 图像重建

相机传感器输出的是单个像素的数据，而不是完整图像的数据。因此，需要一种方法来正确解释和定位数据，以便形成可识别的图像用于显示和处理。图像重建是指对传感器数据进行重新排序，从而在主机内存中创建采集到的图像。

相机传感器以抽头(tap)或通道(channel)输出图像数据。抽头为一组数据线，每条数据线获取一个像素。仅在像素时钟活动边沿上获取一个像素的相机称为单抽头相机，它从左上角像素开始向右扫描，然后向下移动到下一行，再从左向右扫描，直到该帧的最后一行完成。然后，相机从下一帧左上角的像素开始采集下一帧数据。在像素时钟的同一活动边沿上在多条数据线上同时获取多个像素的相机称为多抽头相机，它有更高的采集速度和帧率。多抽头相机的扫描方式有多种配置，图 5.16 所示为几种可能的抽头配置形式。

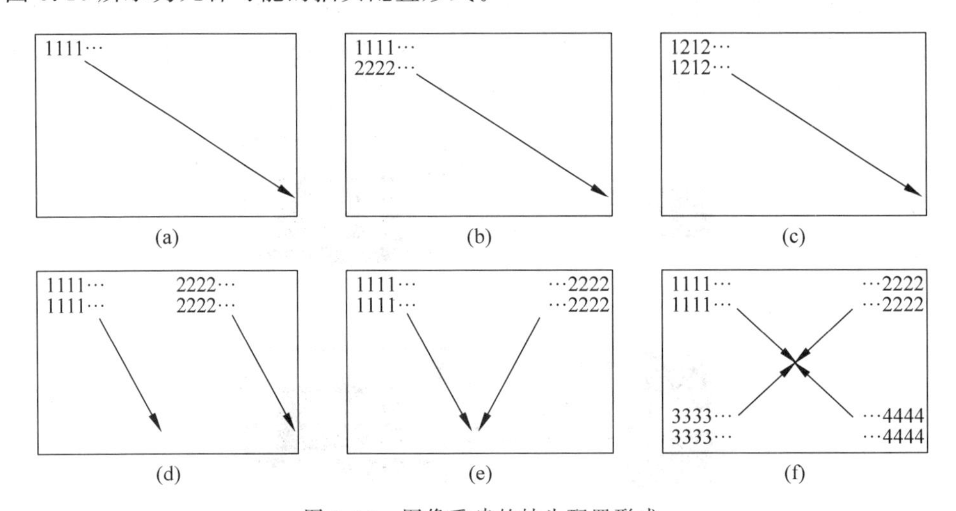

图 5.16　图像重建的抽头配置形式

(a) 单抽头；(b) 双抽头交错；(c) 双抽头相邻；(d) 双抽头左半右半；
(e) 双抽头左半右半末端抽出；(f) 四抽头四象限

图像重建需要大量的内存来适当地重新排序图像数据，所以图像采集卡都会配置适当容量的内存以执行图像重建。

2. 定时和触发

大多数机器视觉系统依赖于定时和触发功能对系统的各个部分进行控制和同步。定时是精确确定何时进行测量；触发是在多个通道和设备之间耦合定时信号，以提供对信号生成和采集定时的精确控制。在机器视觉系统中，定时和触发提供了一种将视觉动作或功能与计算机外部事件协调的方法，例如向闪光灯发送脉冲或从位置传感器接收脉冲，以发出装配线上存在物品的信号。

在最简单的系统中，不使用触发器，相机将连续获取图像。然而，工业机器视觉应用往往需要控制开始和停止采集，以获取包含被检目标的单帧图像，这就需要触发器。触发信号通常由外部设备产生，如接近传感器或限位开关。外部设备输出的触发信号可以连接到图像采集卡，图像采集卡接收到来自外部设备的触发信号后，向相机发送触发脉冲以开始采集图像。图 5.17 所示为机器视觉系统中触发器的工作原理，当被检工件移动经过接近传感器时，接近传感器会输出一个触发信号到图像采集卡，图像采集卡发出触发信号给相机，从而获取工件的图像供后续处理。

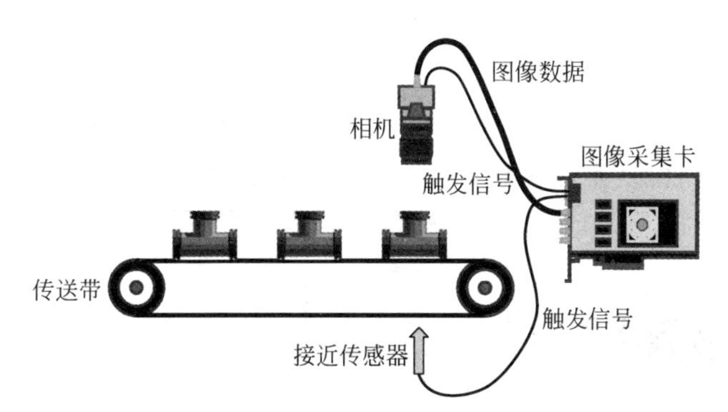

图 5.17　触发器工作原理示意图

在实际的工业应用中可能需要多个触发信号，例如控制相机曝光时间、控制照明系统等。所以图像采集卡需要实现自身的控制逻辑，并且除提供相机的图像数据接口以外，还会提供控制和状态接口。图像采集卡的控制和状态连接一般通过 GPIO(general purpose input output，通用输入输出)接口实现，可以通过软件定义 GPIO 的功能。

对于线扫描相机而言，触发信号的作用尤为重要。线扫描相机在每次曝光时获取一行像素，随着被检物体的运动，每条采集的线与前面的线组合，构建出被检物体的整幅图像。采集和对象运动速度之间缺乏同步可能会使图像失真，如果传送带加速，图像将被拉伸；如果传送带减速，图像将被压缩。正交编码器触发器考虑了感兴趣对象的速度变化，图像采集卡可以通过不同倍数的正交编码器提供额外的触发条件，从而对图像采集进行精确控制。

3. 板上内存缓冲区管理

由于图像采集和处理涉及大量数据，所以机器视觉应用程序是内存密集型的。在传输或处理图像数据之前，需要利用图像采集卡上的内存分配缓冲区来存放采集的图像数据。否则，如果图像采集卡不能提供缓冲区存储功能，机器视觉应用软件就只能使用主机的内存存放采集的图像数据，这样就可能出现一帧数据来不及处理而被下一帧数据覆盖的情况，导致数据溢出，丢失图像帧。通过在图像采集卡上分配足够数量的缓冲区，可以防止丢失帧。因此，图像采集卡都会提供大容量的板上内存。

常见的缓冲区管理技术有双缓冲区技术和环形缓冲区技术。双缓冲区(double buffer)也称为乒乓缓冲区(ping-pong buffer)，其工作原理如图 5.18(a)所示。在图像采集卡上的内存中开辟 Ping 和 Pong 两个缓冲区，当采集的图像数据填充到 Ping 缓冲区时，Pong 缓冲区中的数据可以通过 PCIe 总线传送到主机内存并且由机器视觉应用软件加以处理。对于Pong缓冲区的处理同理。双缓冲器要求将Ping或Pong缓冲区中的数据传送到主机内存并进行处理的时间少于数据填满缓冲区的时间,否则会导致数据丢失。

环形缓冲区(ring buffer)也称为FIFO(first input first output,先进先出)缓冲区,其特点简单说就是排队准则,先到者先得。如图5.18(b)所示,这种缓冲区是一个环形,可以缓存多帧图像数据,在图像数据产生和处理的速率不匹配时比乒乓缓冲区更有优势,但是需要图像采集卡有更大的板上内存。

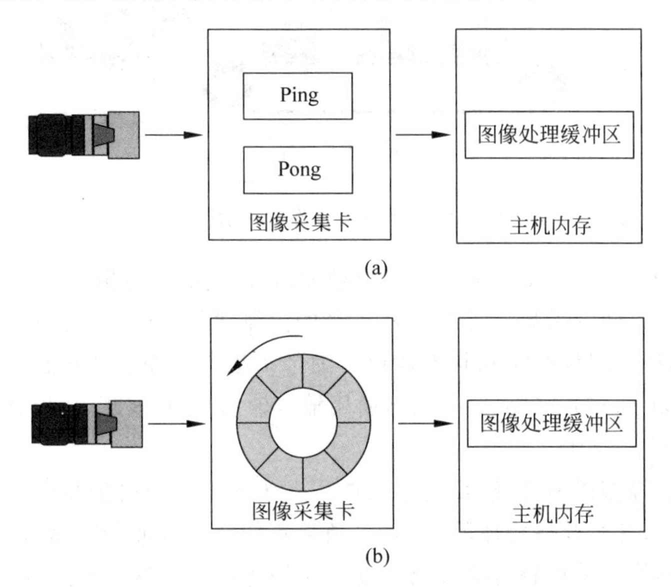

图5.18 板上内存缓冲区工作原理示意图
(a) 乒乓缓冲区;(b) 环形缓冲区

4. 图像预处理

图像采集卡也会做适当的图像预处理工作,常见的预处理包括查找表(look up table,LUT)、颜色空间转换和阴影校正等。LUT允许用户通过预定义的映射关系快速修改图像中像素的值,而无须对每个像素进行复杂的计算,主要用于调整图像的饱和度和对比度。机器视觉应用中常见的LUT变换包括图像反色、二值化、对比度增强、伽马校正等。

颜色空间转换是将一个颜色空间中的颜色特征信息转换到另一个色彩空间,即用不同颜色空间中的数据来表示相同的颜色。常用的颜色空间有RGB颜色空间、XYZ颜色空间、$L^*a^*b^*$颜色空间和HSI颜色空间等。

(1) RGB颜色空间采用物理三原色表示颜色,比较简单,但是给定任意一个R、G、B值,无法准确知道所表述的颜色,并不符合人的视觉特点,并且RGB颜色空间不均匀,空间坐标上等距离的两点并不能表示相同的颜色差异,因此RGB颜色空间不适合用作色差检测。

(2) XYZ 颜色空间是在 RGB 系统的基础上,采用坐标变换的方法用理想的三原色代替实际的三原色,其中 X 为理想的红原色,Y 为理想的绿原色,Z 为理想的蓝原色,但是 XYZ 颜色空间也不是均匀的。

(3) $L^*a^*b^*$ 颜色空间是把颜色按其所含红、绿、黄、蓝的程度来度量,可由 XYZ 颜色空间转换得到,该颜色空间具有均匀性,也更符合人的视觉心理,因此在图像处理中运用极其广泛。

(4) HSI 颜色空间是从人的视觉系统出发,用色调(hue)、饱和度(saturation 或 chroma)和亮度 (intensity 或 brightness)来描述色彩,它比 RGB 颜色空间更符合人的视觉特性,因此在 HSI 颜色空间中可以大大简化图像分析和处理的工作量。

阴影校正用于补偿不均匀的照明、传感器非线性或其他导致图像阴影的因素。相机通常不会进行阴影校正,所以图像采集卡通常会提供阴影校正功能。

第6章

机器视觉系统中的计算机

机器视觉系统中的计算机相当于人类视觉系统的大脑，它包含强大的处理器，例如CPU、GPU、DSP和FPGA等，用于对图像采集系统获取的图像进行处理和分析，进而做出决策。根据机器视觉系统中所用计算机在功能和复杂性方面的差异，可以将机器视觉系统分为基于PC的机器视觉系统和基于智能相机的机器视觉系统。

6.1 基于PC的机器视觉系统

基于PC的机器视觉系统以PC作为图像处理和分析的平台，这里的PC并不是家庭或办公环境中使用的PC，而是指工业PC(industrial PC，IPC)，或称为工控机。工业PC是一种加固的增强型个人计算机，专门为工业现场而设计，可以在工业环境中可靠运行。

6.1.1 工业PC的基本结构

1. 工业PC的内部结构

工业PC的工作原理和普通PC并无本质区别，所以在内部结构方面与普通PC是基本相同的，例如都具有PC的处理器、内存、存储设备、主板、外设接口、电源和散热系统，但是在配置上高于普通PC，和高性能的PC服务器相类似。

工业PC的处理器主要是CPU，它是工业PC的核心组件，负责执行计算机程序和处理数据，目前工业PC的CPU以x86体系结构为主流。除CPU以外，用于机器视觉应用的工业PC一般还配备GPU。GPU拥有强大的图像处理和视觉算法支持，可以与CPU协同工作，加速神经网络计算和数据分析，减少处理的时间。对于检测识别类型或采用深度学习算法的应用，通常都需要高性能的GPU。

内存是用于临时存储数据和程序代码的地方，工业PC通常有多个插槽用于安装内存条，目前主流工业PC配备的内存为32 GB或更高。

存储设备用于存放操作系统、应用程序和数据文件，工业 PC 通常使用固态硬盘(solid state drive，SSD)或者机械硬盘作为数据存储设备。SATA (serial advanced technology attachment，串行高级技术附加装置)是硬盘(包括固态硬盘和机械硬盘)的主流接口标准。磁盘阵列也是工业 PC 比较常见的一种配置，一般指 RAID (redundant arrays of independent disks，独立磁盘冗余阵列)，它是由多块独立的磁盘组合形成的一个大容量的磁盘组，具有提高磁盘读写速度以及通过冗余提高数据存储可靠性的功能。

主板是工业 PC 的核心电路板，上面集成了 CPU 插槽、内存插槽、SATA 硬盘插槽、总线扩展插槽和标准输入输出接口等，以连接各种硬件组件和提供数据传输、电源供应等功能。工业 PC 通常具有多种标准输入输出接口，如 USB、串口、并口、网口、HDMI/DVI 接口等，用于连接外部设备。图 6.1 所示为一款典型的工业 PC 主板。

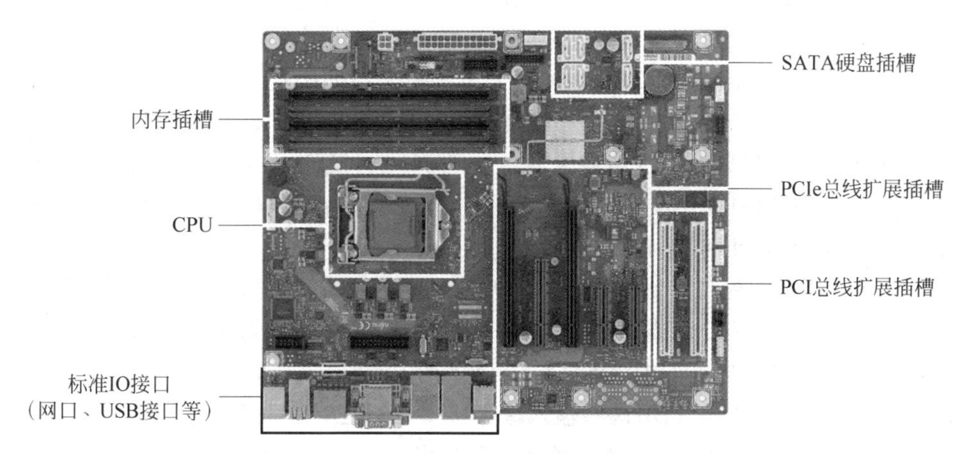

图 6.1　典型的工业 PC 主板

总线扩展插槽用于插入扩展卡，扩展工业 PC 的功能和性能。目前工业 PC 主流的总线与普通 PC 一样是 PCIe 总线，图 6.1 所示的工业 PC 主板上有 5 个 PCIe 插槽，其中最短的两个是 PCIe x4 插槽，最长的两个是 PCIe x16 插槽，中间是 PCIe x8 插槽。目前普通的 PC 一般只有 PCIe 总线插槽，而工业 PC 大多会保留 PCI 总线插槽，以支持遗留的设备，图 6.1 所示的工业 PC 主板上有两个 PCI 插槽。GPU 和第 5 章介绍的图像采集卡都是通过 PCIe 总线扩展插槽与工业 PC 相连接的。工业 PC 还会配备专门的控制板，用于实现生产线上设备的通信和控制。

工业 PC 的电源通常包括电源适配器、主板上的电源接口以及供电线路，用来提供工业 PC 所需的电力，有较强的抗干扰能力和连续长时间工作能力。散热系统通常包括风扇、散热片、散热管、散热风道等，用于散热，保持工控机内部组件的温度稳定。

2. 工业 PC 的外部结构

工业 PC 的外部结构包括机箱、接口、指示灯、显示屏、操作按钮和电源插口等,可以根据不同的需求和应用进行配置。

工业 PC 的机箱采用独特的材质和结构,有较高的抗磁、抗尘、抗冲击能力,可以保护工业 PC 的内部组件。机箱外壳上通常会有适当的散热孔、接口开孔和固定螺丝孔等。工业 PC 的机箱可以分为机架式机箱、壁挂式机箱和桌面式机箱。

机架式机箱的外形尺寸遵循美国电子工业协会(Electronic Industries Association, EIA)的标准,可以安装到 19 in 机柜中。19 in 机柜的宽度为 19 in,即 48.26 cm,广泛用于数据中心和企业机房中。机架式机箱的高度以 U 为单位,1 U=1.75 in,即 44.45 mm。机架式机箱的高度常见的规格有 1 U、2 U 和 4 U。1 U 机箱的优势在于占用机架空间小,适用于空间有限的场所,但是扩展能力较弱,散热能力较差;4 U 机箱可以满足大量扩展卡、高性能散热和更多存储空间的高度要求,但会占用较多的机架空间;2 U 机箱是两者的折中,它可以提供较多的扩展和散热空间,但是扩展卡的高度有限制,适用于在相对紧凑的机架空间中提供更多的配置灵活性。机架式工业 PC 的优势在于标准化,适合有机柜或特定构架支持的环境。

壁挂式机箱和桌面式机箱通常具有更为紧凑的设计,可以放置在桌面上或通过墙面安装,为用户提供灵活的安装选择,尤其适用于没有机柜或需要节省空间的工业现场,如小型机械控制或移动设备应用。

工业 PC 通常配备多种标准输入输出接口,如 USB、串口、并口、网口和显示器接口(例如 VGA、HDMI 或 DVI)等。除了标准接口,还可以通过 PCIe 或 PCI 扩展卡提供输入输出接口,例如图像采集卡提供的 Camera Link、Camera Link HS 或 CoaXPress 相机接口。利用这些输入输出接口可以连接各种外部设备,如键盘、鼠标、显示器、打印机、传感器、执行器以及工业相机。

工业 PC 通常使用指示灯来显示系统状态,如电源灯、硬盘访问灯、网络连接灯等,方便用户了解当前的运行情况。某些工业 PC 可能会配备内置触摸屏或显示屏,以便用户进行监控、调试及操作。工业 PC 通常在机箱上设置一些物理按钮,如电源开关、复位按钮、报警按钮等,用于快速操作和响应。工业 PC 的电源插口用于接入电源提供电力。

图 6.2 所示为一款 4 U 机架式工业 PC 机箱的后面板,它代表了工业 PC 典型的外部结构。

6.1.2 工业 PC 在工业机器视觉中的应用

基于工业 PC 的机器视觉系统能够广泛地适用于各类工业视觉应用场景,它具有如下优势:

(1) 强大的算力。工业 PC 有高性能的 CPU 和 GPU,特别是 GPU 具有强大的并行计算能力,适用于大规模数据的实时处理、分析和传输;并且 GPU 具有强

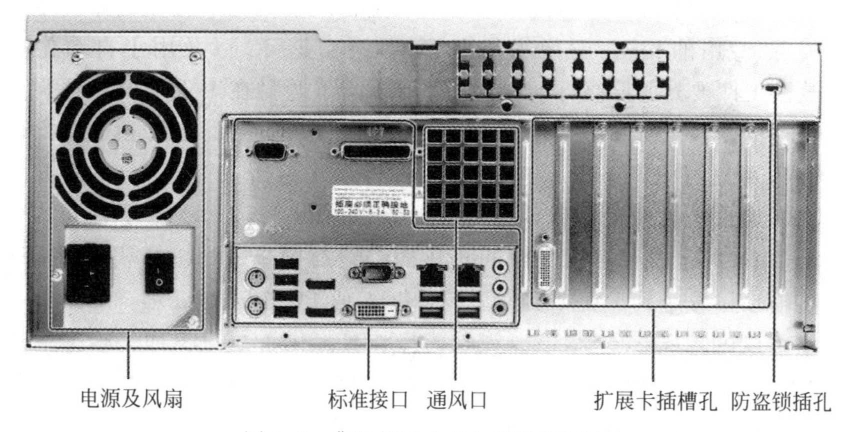

图 6.2　典型的工业 PC 机箱后面板

大的图形处理能力，适用于工业视觉检测这类对图形性能要求较高的应用。因此，对于需要大规模数据处理和复杂算法运算的机器视觉应用，特别是采用深度学习算法的应用，工业 PC 是理想的选择。

（2）良好的操作系统支持。操作系统是一组相互关联的系统软件程序，负责管理计算机的硬件和软件资源，控制计算机的运行，并提供公共服务和良好的用户交互界面。工业 PC 本质上也是 PC，可以运行 PC 上的各种主流操作系统，包括 Windows 和 Linux。稳定的操作系统环境为机器视觉应用的长期可靠运行提供了保证，特别是操作系统的核心防火墙组件对工业网络环境下机器视觉应用的安全性提供了保证。

（3）良好的可编程性。工业 PC 可以支持主流的机器视觉算法库，包括 Halcon、OpenCV、VisionPro 和 VisionMaster，这些算法库具有强大的机器视觉功能，如形状识别、色彩分析、光度计算、三维视觉等，并且支持多种文件格式和多样的输入设备，如相机、视频等。因此，在工业 PC 上可以进行各种机器视觉算法和应用的定制开发，为用户提供更大的灵活性。

（4）易于和 PLC 集成。PLC 即可编程逻辑控制器（programmable logic controller），广泛应用于各类工业控制领域。在许多自动化应用中，机器视觉和控制系统通常是分开的。工业 PC 支持众多的通信接口和通信协议，例如以以太网为基础的工业以太网协议 EtherCAT、EtherNet/IP 和 PROFINET 等，易于与 PLC 相集成，从而实现生产过程的完全自动化。

（5）良好的灵活性。基于 PC 的机器视觉系统的图像采集部分和图像处理部分是分离式的，开发者可以在系统的各环节根据实际需要选择性能最合适、成本最低廉的产品，或者根据新的需求更换某些部件，达到较好的灵活性。例如，在选择相机时可以使用线扫描相机或面阵相机，可以灵活选择第三方的软件包。因此，在面临多种选择时基于 PC 的机器视觉系统提供了更大的灵活性。

图 6.3 所示为基于 PC 的机器视觉系统用于缺陷检测的应用场景。该系统有独立的光源、专用的相机、图像采集卡、专用的工业 PC 以及用于自动化控制的 PLC。被检工件被光源照亮,光源控制器用于调节照射在工件上的光照强度。被照亮的工件的图像由配备适当镜头的高速相机摄取,拍摄的定时和触发操作以及光源的频闪可以由图像采集卡进行同步,图像采集卡插在工业 PC 的总线扩展插槽中。或者如果相机采用的是 GigE Vision 或 USB3 Vision 接口,系统可以没有图像采集卡,拍摄的定时和触发操作可以由 PLC 进行同步。相机捕获的图像通过高速数据传输接口发送到工业 PC,然后图像在工业 PC 中进行处理。原始和处理后的图像也可以由监视器显示,该监视器为操作员提供了用户界面。根据应用的需求,工业 PC 上运行的用于缺陷检测的图像处理算法进行尺寸质量、表面质量和结构质量等方面的检查。对于无法通过检查的有缺陷的工件,由 PLC 驱动的拒收机构剔除出生产线。

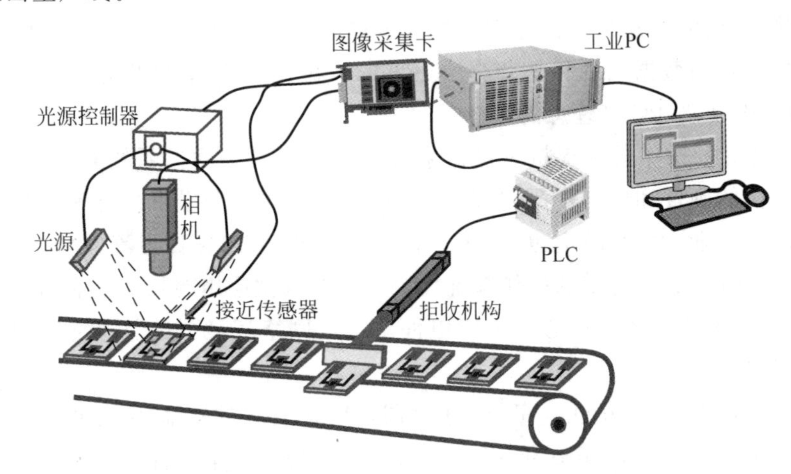

图 6.3　基于 PC 的机器视觉系统应用场景示例

虽然基于工业 PC 的机器视觉系统具有许多优势,但是也存在一些不足。首先,在基于 PC 的机器视觉系统中图像采集和图像处理是分离的,系统分为光源、工业相机、图像采集卡、工业 PC 主机等多个部分,各部分由不同厂家生产,涉及兼容性、连接件接插、信号传输等中间环节,在恶劣环境下长时间工作时容易出现问题。其次,基于 PC 的机器视觉系统体积较大,多个部件之间由线缆连接,因此不便于安装、拆卸和移动,在一些对设备体积限制较严的场合应用受到限制。最后,基于 PC 的机器视觉系统技术门槛高,价格往往比较昂贵,不利于机器视觉技术的推广普及。

6.2　基于智能相机的机器视觉系统

智能相机是将图像采集设备与嵌入式系统相结合,除拥有传统相机捕获图像的能力之外,同时可以通过其中的嵌入式处理器在相机内部完成对图像的处理,并且还可以通过硬件接口方便地与外部设备进行通信。所以智能相机是一种高度集成的微小型机器视觉系统，集图像采集、处理与通信功能于一身，具有功能多、功耗低、体积小、可靠性高和易于部署的特点。

6.2.1　智能相机的基本结构

智能相机一般由图像传感单元、图像处理单元、图像处理软件和通信接口单元等模块组成，如图6.4所示。

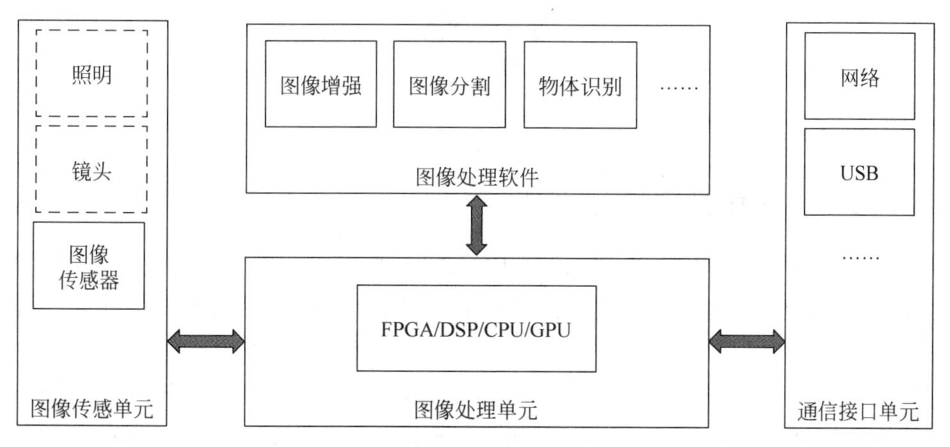

图6.4　智能相机的组成模块

图像传感单元的核心是图像传感器，目前大多数智能相机常用CMOS传感器。有些智能相机集成了镜头，也有的只提供镜头接口，而把镜头的选择权交给用户，从而使智能相机有更广泛的适用性。还有部分智能相机集成了照明系统。

图像处理单元的处理器可以选择FPGA、嵌入式CPU、DSP或GPU，或者是它们的组合，芯片个数可以是1片也可以是多片。在这些处理器芯片中，嵌入式CPU、DSP或GPU属于通用处理器，通过执行软件实现其功能；而FPGA则是定制化芯片，通过硬件实现其功能。

图像处理软件是智能相机的核心部分，可以实现图像采集、图像处理和物体识别等功能。智能相机一般提供底层函数库，方便用户根据需求自主进行二次开发。此外，图像处理软件一般还提供以太网通信等功能，实现与其他设备(如PLC)的通信。

通信接口单元是智能相机的一个重要组成部分，用于完成智能相机与外部设备之间的信息交换。大多数智能相机配有标准以太网接口，用户可以通过该接口对智能相机进行图像处理程序的上传和对智能相机拍摄参数的设置，智能相机可以通过该接口向用户反馈拍摄的图像和图像处理结果，以及与自动化设备如PLC进行通信连接。

图6.5所示为典型的智能相机外观和其内部结构。

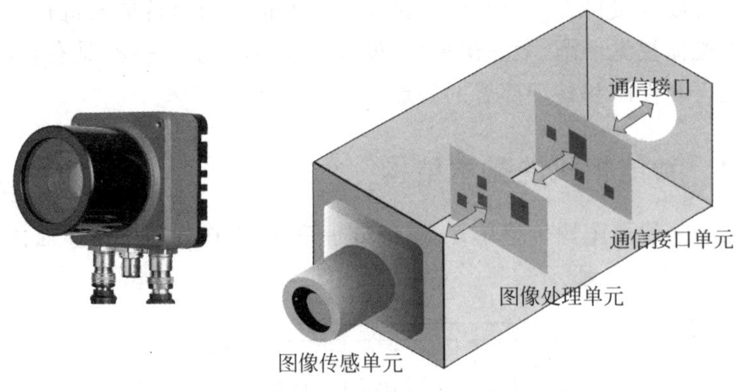

图 6.5 智能相机的外观和内部结构示意图

6.2.2 图像处理单元设计

图像处理单元可以使用 FPGA、CPU、DSP 或 GPU 进行设计，或者使用这些芯片的组合，常见的设计方式有 FPGA＋嵌入式 CPU、FPGA＋DSP 和 FPGA＋嵌入式 GPU 等。

FPGA 器件属于专用集成电路中的半定制电路，是可编程的逻辑列阵，它的基本结构包括可编程输入输出单元、可配置逻辑块、嵌入式 RAM 等功能单元。由于 FPGA 具有布线资源丰富、可重复编程和集成度高的特点，在数字电路设计领域得到了广泛的应用，在智能相机的设计中也发挥着重要的作用。

ARM 是目前应用最为广泛的嵌入式 CPU，它属于 RISC(reduced instruction set computer，精简指令集计算机)处理器架构，具有低功耗、高性能的特点，在嵌入式系统领域特别是在移动设备领域，ARM 架构占据了绝对的主导地位，几乎所有的智能手机和平板电脑都采用 ARM 架构的处理器。ARM 架构的处理器类型众多，包括 Cortex-A、Cortex-R 和 Cortex-M 等系列。其中，Cortex-A 系列主要面向高性能应用，如智能手机、平板电脑等；Cortex-R 系列主要面向实时控制应用，如汽车电子、工业自动化；Cortex-M 系列则主要面向低功耗应用，如物联网设备、智能家居等。ARM 处理器内部一般会集成 GPMC(general purpose memory controller，通用存储器控制器)、EMIF(external memory interface，外部存储器接口)、EMAC(Ethernet media access control，以太网介质访问控制)、UART(universal asynchronous receiver transmitter，通用异步收发器)和 GPIO 模块，方便用户设计应用系统。

图 6.6 所示为一种 FPGA＋ARM 架构的智能相机原理框图。CMOS 传感器负责将来自目标图像的光信号转换成电信号。FPGA 将 CMOS 传感器输出的像素信号拼接成图像存储在 FPGA 中的 FIFO 中，这一过程相当于第 5 章介绍的图像采集卡的图像重建功能。ARM 处理器将 FPGA 看作外部存储器，通过 GPMC

接口读取CMOS传感器采集的图像。在图像采集过程中，FPGA接收来自ARM的采集命令，产生控制时序，驱动CMOS传感器采集图像。系统的信息存储通过DDR内存和NAND FLASH实现，其中DDR内存通过EMIF来扩展ARM处理器的运行内存，供程序运行以及图像数据缓存使用。外部NAND FLASH存储器通过GPMC扩展ARM处理器的存储空间，可供系统整体代码固化和图像处理算法配置参数的储存。系统启动时，程序在NAND FLASH中开始运行，然后将程序搬移至DDR内存中高效运行，从而完成智能相机的功能。系统的通信接口模块主要包括以太网通信、串口通信以及通用I/O接口。以太网通信主要通过ARM处理器集成的EMAC接口实现，可以实现与其他以太网设备的可靠信息传输，如PLC、显示终端等。串口通信通过UART接口实现，实现与其他串行设备总线通信。通用I/O接口通过GPIO与外部设备的I/O接口相连，例如连接生产线上的接近传感器，实现相机的触发，或者连接光源控制器，控制光源的亮度和频闪等。

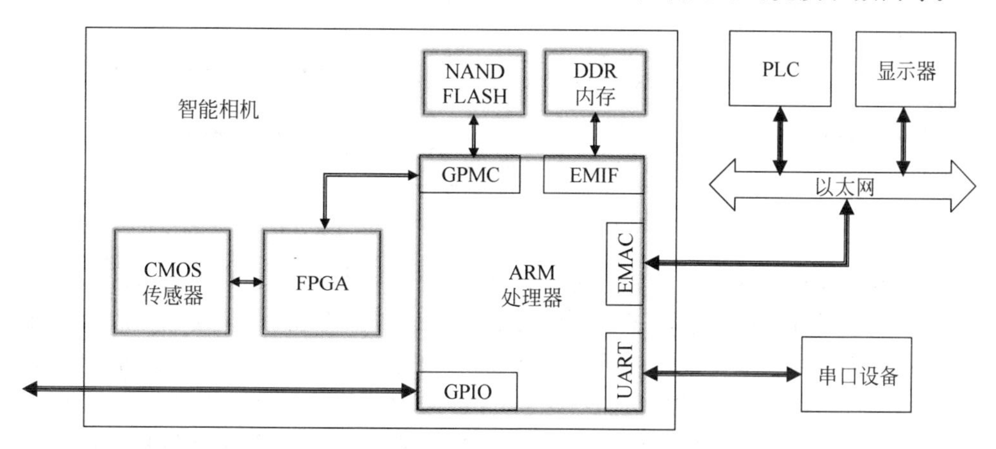

图6.6 FPGA+ARM架构智能相机原理框图

CPU的设计目的是通用计算，它能够处理各种不同的任务，包括数据处理、逻辑运算、系统控制等。CPU的通用性使得它成为计算机系统的核心处理器，负责执行各种复杂的计算和控制任务。CPU主要通过顺序执行指令来完成计算任务。虽然现代CPU具有一定的并行处理能力，但是对于诸如视频、语音等高速数字信号处理的需求而言，CPU是不擅长的。DSP(digital signal processor，数字信号处理器)是专门针对数字信号处理的应用而设计的一种处理器，它针对信号处理中的常用算法，如IIR、FIR、FFT设计了专门的硬件结构，因此在做这些运算时同CPU相比具有极快的速度。DSP内部包含硬件乘加器，专门的乘加指令可以使DSP在一个指令周期内完成一次乘法和加法运算。

图6.7所示为一种FPGA+DSP架构的智能相机原理框图。系统以DSP作为核心处理芯片，负责整个系统任务的管理、通信、设置以及高级图像处理。DSP的周围包括了基本的外围扩展电路，包括数据存储器DDR、程序存储器FLASH、

显示器接口、USB 接口以及以太网接口。CMOS 传感器输出的图像数据在 FPGA 的控制下进行采集。FPGA 被当作 DSP 的外部存储器之一，利用 EMIF 模块实现与 DSP 之间的通信。为了充分发挥 FPGA 的处理能力，除用 FPGA 控制相机的定时和触发以外，还可以由 FPGA 对采集的图像按行进行预处理，包括滤波去噪、边缘检测和二值化等。由于图像预处理的大部分算法都是邻域算法，处理时无需整幅图像，采取按行处理的方法易于 FPGA 实现。通过 FPGA 预处理完成后的图像再传输到 DSP 中做进一步处理，实现缺陷检测、尺寸测量等高级功能。

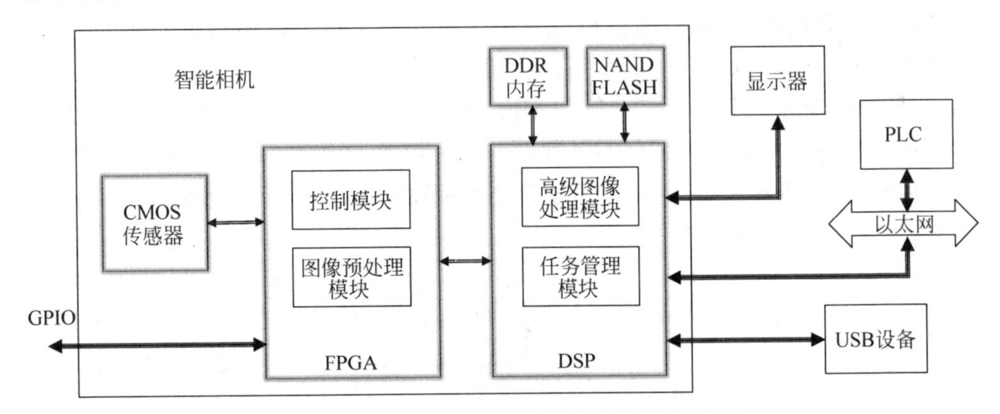

图 6.7 FPGA+DSP 架构的智能相机原理框图

随着工业机器视觉技术的快速发展，深度学习在复杂场景的识别、检测、测量和机器人引导任务中展现出了比传统方法更加优越的性能，使深度学习成为机器视觉领域许多重要应用的关键技术。然而，深度学习模型通常需要大量的计算资源，导致对高性能计算的需求，而传统的 CPU 架构不能胜任这一需求。GPU 具有与 CPU 不同的硬件结构和功能；和 CPU 相比，其结构简单，但是计算核心远远多于 CPU，可以有大量线程用于并行运算，并且具有强大的浮点处理能力，所以 GPU 具有比 CPU 更强大的计算能力。

图 6.8 所示为一种 FPGA+嵌入式 GPU 架构的智能相机原理框图。由于嵌入式 GPU 内部一般都会包含 ARM 处理器，所以实际上这是一种 FPGA+ARM+GPU 的架构。FPGA 负责对图像传感器进行图像采集，并将采集的图像数据做缓存处理。嵌入式 GPU 是系统的核心，目前主流的嵌入式 GPU 为 NVIDIA Jetson 系列，其中搭载 Nvidia 的 GPU 处理器和 ARM 架构 CPU，可以实现图像数据的并行计算，从而极大地提高了深度学习算法的运算效率。

6.2.3 智能相机在工业机器视觉中的应用

传统的工业机器视觉系统是基于 PC 的机器视觉系统，近年来以智能相机为代表的嵌入式机器视觉系统由于具有性价比高、体积小、功耗低、可靠性高等独特的优势，市场份额逐步上升。以智能相机为代表的嵌入式机器视觉系统和基于 PC

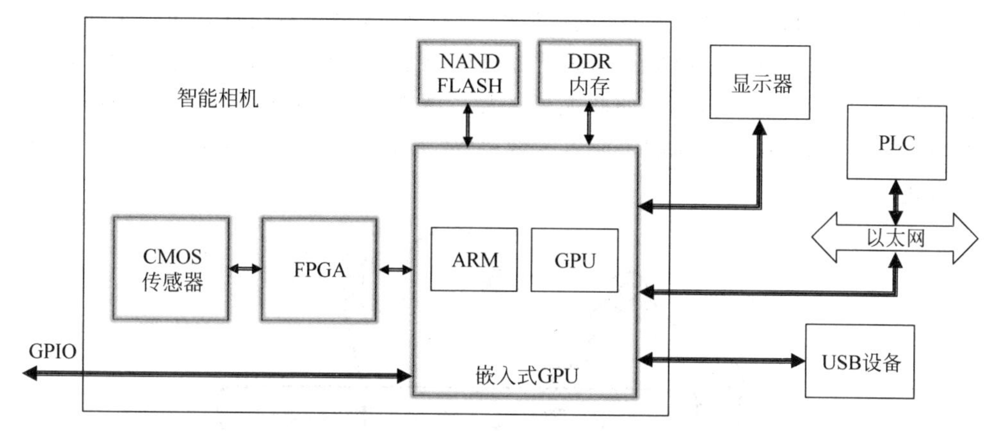

图 6.8 FPGA+嵌入式 GPU 架构的智能相机原理框图

的机器视觉系统已并列成为机器视觉领域的两大主流模式。

与基于 PC 的机器视觉系统相比，基于智能相机的嵌入式机器视觉系统具有如下优势：

(1) 体积小，功耗低。在基于 PC 的机器视觉系统中，光源、相机、图像采集卡、工业 PC 等都是分立的部件，需要相应的连接件和线缆才能形成完整的系统，不便于安装，体积大，功耗高，在一些对设备体积限制较严的场合难于部署；智能相机的体积与普通相机基本相当，无需图像采集卡，无需多余的线缆和连接件，功耗低到只有几瓦的量级。

(2) 可靠性高。在基于 PC 的机器视觉系统中，各个分立的部件由不同厂家生产，容易产生兼容性问题，并且由于连接件和线缆接插等中间环节，在恶劣环境下长时间工作时容易出现故障；智能相机将图像采集、处理和通信部件集成在一个设备中，工作的稳定性和可靠性显著提高。

(3) 简单易用。智能相机一般都固化了成熟的机器视觉常用算法模块，用户只需要通过一些简单的模块指令调用就可以方便地搭建出一个完整的应用系统，实现表面检测、缺陷检出、尺寸测量等功能，无需繁琐的程序开发，开发周期短，易于部署和使用。

(4) 性价比高。基于 PC 的机器视觉系统存在多个分立的部件，一次性采购成本和运行过程中的维护成本都比较高；智能相机高度集成，减少了接插件的使用，维护方便，简单易用，降低了维护支出和设备工作不稳定带来的损失，为系统集成商和最终用户显著地节省了成本。

(5) 实时性好。智能相机作为一种嵌入式系统一般要对操作系统进行裁剪处理，系统架构和算法进行了专门的优化，所以对同样的算法，其性能要优于基于 PC 的机器视觉系统，系统的实时性更好。

图 6.9 所示为基于智能相机的嵌入式机器视觉系统用于工件自动分拣的应用场景。智能相机作为上位机负责对传送带上不断出现的工件拍摄图像并对图像即

时处理，识别出目标工件的信息，包括类型、坐标等，并将这些信息发送至工业机器人，然后继续采集图像。机器人作为下位机负责完成抓取任务，并将抓取的工件根据其类别放置在相应的位置，如此循环往复。智能相机的通信接口单元采用以太网口，通过面向工业自动化的工业以太网协议，如 EtherNet/IP 或 EtherCAT 与机器人进行通信。

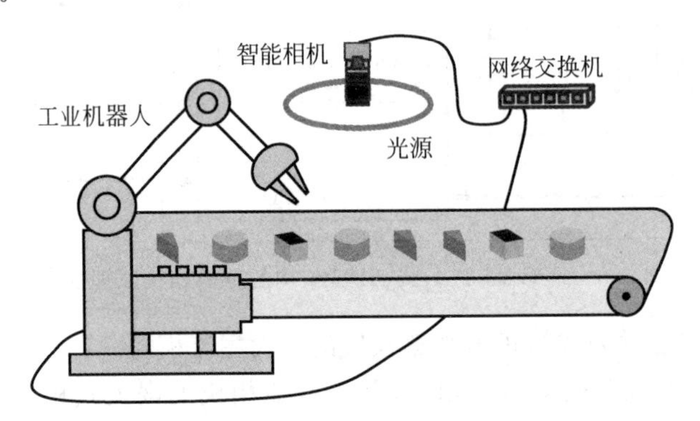

图 6.9　基于智能相机的嵌入式机器视觉系统应用场景示例

与基于 PC 的机器视觉系统相比，基于智能相机的机器视觉系统也存在以下一些不足：

(1) 在处理速度方面，基于 PC 的机器视觉系统可以配置高速相机，采用多片高速处理器，包括更高性能的 GPU，可以达到很高的处理速度；而智能相机受体积和散热的制约，处理器的性能比工业 PC 的处理器要差，因此大部分智能相机的处理速度无法和工业 PC 相匹敌。

(2) 在检测精度方面，基于 PC 的机器视觉系统可以实现更加复杂的算法，达到更高的精度；而智能相机受其处理器和内存等限制不利于执行更复杂的算法，所以目前无法达到工业 PC 的检测精度。

(3) 在灵活性和扩展性方面，基于 PC 的机器视觉系统可以方便地置换其中的部件，并且在工业 PC 上可以进行机器视觉算法和应用的定制开发，从而为用户提供更大的灵活性；而智能相机的硬件电路和器件都已固定，在应用需求发生变化时可能要更换整个智能相机，同时由于图像算法和处理程序已固定，用户难以定制算法和应用，因此灵活性不及基于 PC 的机器视觉系统。

基于智能相机的机器视觉系统与基于 PC 的机器视觉系统各有优缺点，并不存在绝对的优劣问题，设计一个特定的机器视觉系统时需要综合考虑性能要求、成本、应用限制等多方面因素。一般而言，智能相机较为适用基础性的判断有无、读条形码、识别数字和其他相对简单的任务；而对于复杂应用场景或需要进行高精度和大数据量的处理时，基于 PC 的机器视觉系统是更好的选择。

第7章

机器视觉算法

前面几章讨论的是机器视觉的硬件部分，实现的是从目标物体获得图像并将其传送到计算机的过程，相当于人类视觉系统将来自物体的图像从眼睛传送到大脑的过程。然而，如果没有大脑的思维活动，人实际上是无法从视觉系统获得信息的。机器视觉也是如此，当图像传送到计算机之后，对其进行处理才是关键，在这一意义上，机器视觉算法是机器视觉系统真正的核心。本章介绍机器视觉常用的图像处理和识别算法，包括图像增强、图像分割、数学形态学算法与几何形状识别，最后简要介绍人工智能和深度学习方法。

7.1 图像增强

图像增强是机器视觉中重要的图像预处理过程，目的是改善图像的视觉效果，突出图像中的有用信息，为信息提取及其识别奠定良好的基础。图像增强算法分为两类：空间域方法和频率域方法。前者直接对图像像素的灰度进行处理；后者是对图像经傅里叶变换后的频谱成分进行处理，然后通过逆变换获得增强图像。两类算法中空间域方法应用更加广泛，这里只介绍空间域方法。

空间域图像增强算法分为点运算和邻域运算。点运算即灰度级修正，包括灰度变换和直方图修正，目的主要是使图像成像均匀或者扩大图像的对比度。邻域运算分为图像平滑和锐化两种，平滑用于消除图像中的噪声，锐化在于加强图像中的目标边界和图像细节。

7.1.1 数字图像

一幅 M 行 N 列的数字图像可以定义为一个离散的二维空间函数，即

$$I = f(i, j) \tag{7.1}$$

其中，$i=0,1,\cdots,M-1$，为图像的行坐标；$j=0,1,\cdots,N-1$，为图像的列坐标；$f(i,j)$是(i,j)坐标处的像素值。根据 $f(i,j)$取值类型的不同，图像主要分为黑

白图像、灰度图像和彩色图像。黑白图像又称为二值图像，$f(i,j)$仅取0和1两个值，0代表黑色，1代表白色。灰度图像$f(i,j)$的取值通常是0～255的整数值，即256个灰度级，0表示纯黑色，255表示纯白色，中间的数字从小到大表示由黑到白的过渡色。彩色图像$f(i,j)$的取值是一个三维向量，分别用红(R)、绿(G)、蓝(B)三原色的组合来表示每个像素的颜色。彩色图像可以视为3幅灰度图像的组合。

数字图像也可以看成是一个二维矩阵，矩阵的每个元素对应图像的一个像素点，用于描述每个像素点的颜色信息。

后面的讨论如未特别指出都是针对灰度图像的。

7.1.2 灰度变换

灰度变换属于点运算，在图像的单个像素上操作，作用是调整图像的对比度或灰度动态范围，改善图像的视觉效果。灰度变换方法有线性变换、分段线性变换和非线性变换。

1. 线性变换

在曝光不足或曝光过度的情况下，图像灰度可能会局限在一个很小的范围内，使图像模糊不清，缺少灰度层次。线性变换是对图像的像素灰度进行线性拉伸，扩大图像的动态范围。设原图像$f(i,j)$的灰度范围为$[a,b]$，线性变换后图像$g(i,j)$的灰度范围为$[a',b']$，$g(i,j)$与$f(i,j)$之间的关系为

$$g(i,j)=a'+\frac{b'-a'}{b-a}[f(i,j)-a] \tag{7.2}$$

图7.1所示为线性变换示意图，图7.2所示为线性变换前后的对比。

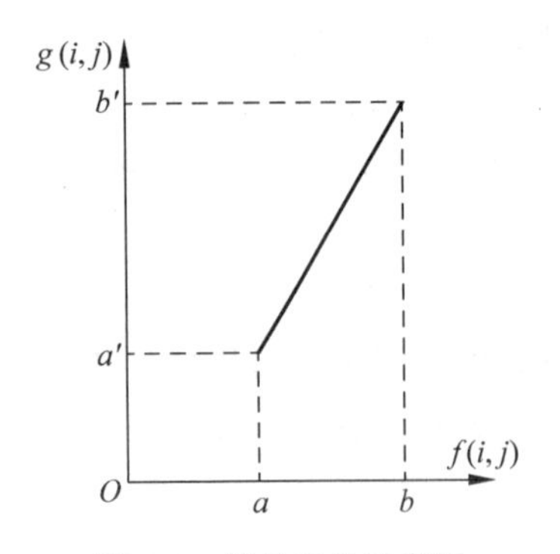

图7.1 线性变换示意图

(a)

(b)

图7.2 线性变换前后对比

(a) 原图像；(b) 线性变换后的图像

2. 分段线性变换

分段线性变换可以突出感兴趣目标所在的灰度区间，抑制不感兴趣的灰度区间。设原图像$f(i,j)$的灰度范围为$[0,M]$，感兴趣目标的灰度范围为$[a,b]$，使其

灰度范围拉伸到$[a',b']$，变换后图像$g(i,j)$的灰度范围为$[0,M']$，则对应的分段线性变换表达式为

$$g(i,j)=\begin{cases}\dfrac{a'}{a}f(i,j) & 0\leqslant f(i,j)<a\\ a'+\dfrac{b'-a'}{b-a}[f(i,j)-a] & a\leqslant f(i,j)<b\\ b'+\dfrac{M'-b'}{M-b}[f(i,j)-b] & b\leqslant f(i,j)\leqslant M\end{cases} \tag{7.3}$$

图7.3所示为分段线性变换示意图。通过细心调整折线拐点的位置及控制分段直线的斜率，可对任一灰度区间进行拉伸或压缩。

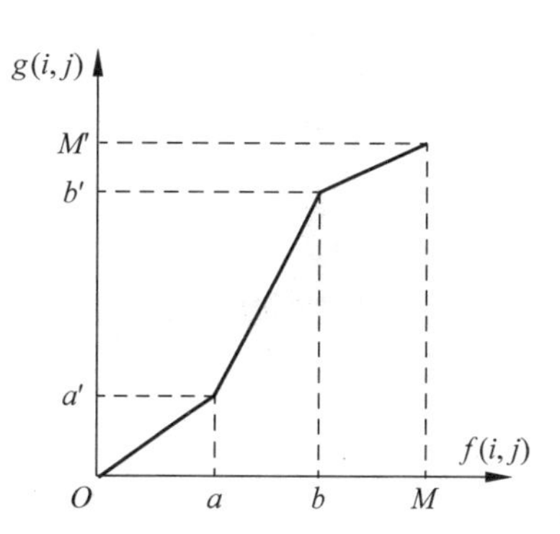

图7.3 分段线性变换示意图

3. 非线性变换

非线性变换是用某些非线性函数，如指数函数、对数函数等，作为变换函数。指数变换的一般表达式为

$$g(i,j)=b^{c[f(i,j)-a]}-1 \tag{7.4}$$

这里的参数a、b、c用来调整曲线的位置和形状。指数变换能对图像的高灰度区给予较大的拉伸，一般适用于调整过亮的图像。对数变换的一般表达式为

$$g(i,j)=a+\frac{\ln[f(i,j)+1]}{b\ln c} \tag{7.5}$$

这里的参数a、b、c用来调整曲线的位置和形状。当希望对图像的低灰度区进行较大的拉伸而对高灰度区进行压缩时，可以采用对数变换。

7.1.3 直方图修正

灰度直方图反映了数字图像中每一灰度级与其出现频率间的关系，能够描述该图像的概貌。设一幅灰度图像$f(i,j)$的像素数为N，每个像素有L级灰度，第k级灰度的像素数为n_k，则直方图可以表示为

$$P(k)=\frac{n_k}{N}\quad k=0,1,\cdots,L-1 \tag{7.6}$$

图7.4(a)所示为一幅图像及其灰度直方图。可以看出，图像的灰度值主要分布在0～80的范围内，所以图像显得很暗。

通过修正直方图进行图像增强是一种实用而有效的处理技术。直方图修正法包括直方图均衡化及直方图规定化两种。直方图均衡化是将原图像通过变换，得到一幅灰度直方图为均匀分布的新图像，如图7.5所示。

对图7.4(a)中的图像进行直方图均衡化处理，所得结果如图7.4(b)所示，可

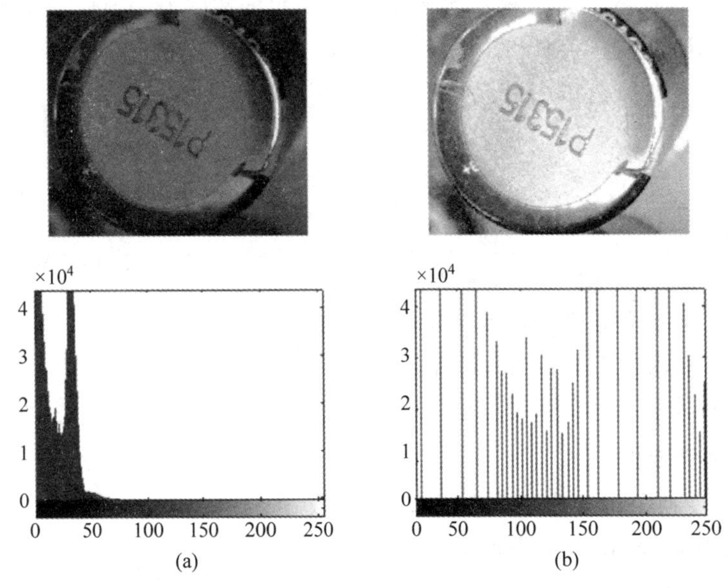

图 7.4 直方图均衡化处理

(a) 原图像；(b) 直方图均衡化的结果

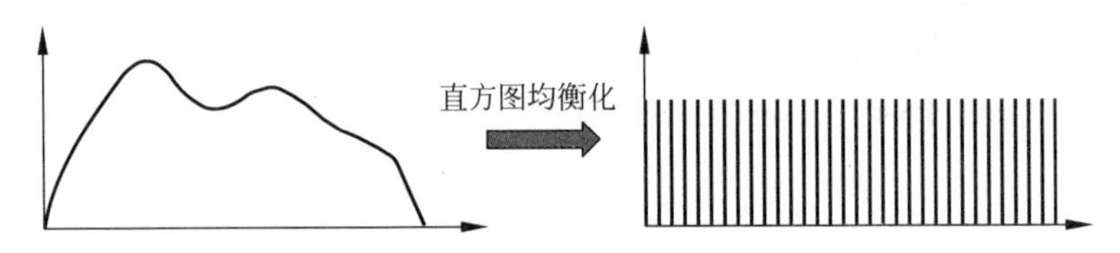

图 7.5 直方图均衡化原理示意图

见均衡化后的图像质量显著改善，其直方图接近平均分布。

在某些情况下，为了增强图像中某些灰度级，并不一定需要具有均匀的直方图，而是需要具有特定形状的直方图。直方图规定化是使原图像灰度的直方图变成规定形状的直方图从而对图像进行增强的方法。直方图规定化是对直方图均衡化处理的扩展，直方图均衡化是直方图规定化的一个特例。

7.1.4 空间域平滑

图像在其获取和传输的过程中，可能会受到各种噪声的干扰，使图像质量下降，图像变得模糊，淹没特征，对图像分析不利。常见的图像噪声主要有高斯噪声、泊松噪声、椒盐噪声等。为了抑制噪声、改善图像质量所进行的处理称为图像平滑或去噪。图像平滑可以在空间域或频率域中进行，最常用的是空间域方法，包括均值滤波和中值滤波，它们都属于邻域运算。

空间域邻域运算是一种基于卷积运算的方法，它采用一个滤波核（也常称为滤波模板）对每一个像素与其周围邻域的所有像素进行某种数学运算，得到该像素的新的灰度值。新的灰度值不仅与该像素本身的灰度值有关，还与其邻域内的其他像素的灰度值有关。滤波核的尺寸大多数情况下取奇数，如3×3、5×5、7×7等。设 $f(i,j)$ 表示原图像，$g(i,j)$ 表示经过滤波得到的图像，$w(i,j)$ 表示滤波核，滤波核的大小为 $(2k+1)\times(2k+1)$，则空间域邻域运算可以表示为

$$g(i,j)=f(i,j)*w(i,j)=\sum_{s=-k}^{k}\sum_{t=-k}^{k}f(i+s,j+t)\times w(s,t) \tag{7.7}$$

执行图像空间域滤波的具体方法是将滤波核的中心与图像中某个像素位置重合，使滤波核上的系数与图像中对应的像素相乘，然后将所有乘积相加，将得到的累加和赋给图像中对应滤波核中心位置的像素。将滤波核在图像中移动，重复上述步骤，直至更新了图像中所有的像素，即完成空间域滤波。这一过程如图7.6所示。

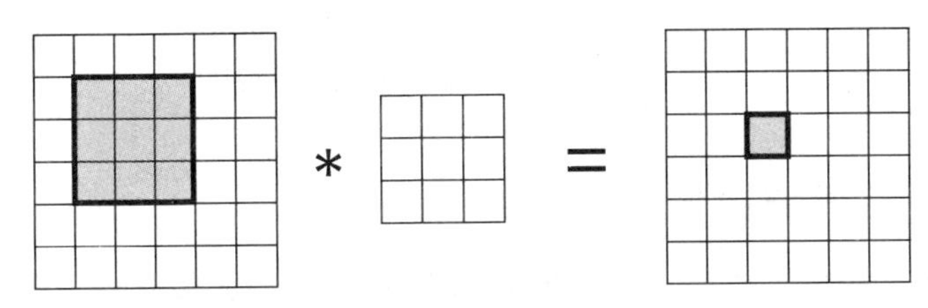

图7.6 空间域滤波过程示意图

空间域平滑滤波核的尺寸不宜过大，否则影响滤波处理速度，并且使图像的边缘和细节变得模糊。

均值滤波是一种线性滤波，3×3均值滤波的滤波核为

$$\frac{1}{9}\begin{bmatrix}1 & 1 & 1\\ 1 & 1 & 1\\ 1 & 1 & 1\end{bmatrix}$$

中值滤波是对一个空间邻域内的各个像素的灰度值进行排序，用中值代替窗口中心像素的原来灰度值，它是一种非线性的图像平滑法，其过程如图7.7所示。

114	120	122
122	128	131
124	126	130

114	120	122
122	124	131
124	126	130

图7.7 中值滤波过程示意图

图7.8所示为含有高斯噪声和椒盐噪声的图像经过均值滤波和中值滤波的结果。可以看出，对于高斯噪声，中值滤波在保留图像清晰度方面不如均值滤波；对于椒盐噪声，中值滤波则优于均值滤波。

原图

高斯噪声

均值滤波

中值滤波

椒盐噪声

均值滤波

中值滤波

图 7.8 均值滤波和中值滤波效果对比

7.1.5 空间域锐化

在图像识别中常需要突出边缘和轮廓信息，通过图像锐化可以使图像的边缘或轮廓得到增强，而图像中的边缘是由相邻像素的灰度值变化导致的，因此在数学上可以通过微分或导数运算来描述函数的变化。对于二元函数 $f(x,y)$，在 (x,y) 处的梯度定义为

$$\nabla f(x,y)=\begin{bmatrix} f'_x \\ f'_y \end{bmatrix}=\begin{bmatrix} \dfrac{\partial f(x,y)}{\partial x} \\ \dfrac{\partial f(x,y)}{\partial y} \end{bmatrix} \tag{7.8}$$

对于离散图像，一阶偏导数可以采用一阶差分近似表示，即

$$\left.\begin{aligned} f'_i&=f(i+1,j)-f(i,j) \\ f'_j&=f(i,j+1)-f(i,j) \end{aligned}\right\} \tag{7.9}$$

在实际应用中，可以简单地通过从下面一行的像素减去上面相邻一行的像素来得到垂直方向的梯度分量 f'_i，从右列的像素减去相邻左列的像素得到水平方向的梯度分量 f'_j。

根据梯度计算的原理，人们设计出了一些边缘检测算子，主要有 Roberts 算子、Sobel 算子和 Prewitt 算子，这 3 个算子的滤波核如下：

$$\begin{bmatrix} 1 & 0 \\ 0 & -1 \end{bmatrix},\begin{bmatrix} 0 & 1 \\ -1 & 0 \end{bmatrix}$$

Roberts 算子

$$\begin{bmatrix} 1 & 2 & 1 \\ 0 & 0 & 0 \\ -1 & -2 & -1 \end{bmatrix},\begin{bmatrix} 1 & 0 & -1 \\ 2 & 0 & -2 \\ 1 & 0 & -1 \end{bmatrix}$$

Sobel 算子

$$\begin{bmatrix} 1 & 1 & 1 \\ 0 & 0 & 0 \\ -1 & -1 & -1 \end{bmatrix},\begin{bmatrix} 1 & 0 & -1 \\ 1 & 0 & -1 \\ 1 & 0 & -1 \end{bmatrix}$$

Prewitt 算子

图 7.9 所示为采用 Roberts 算子、Sobel 算子和 Prewitt 算子进行边缘检测的结果。

(a)

(b)

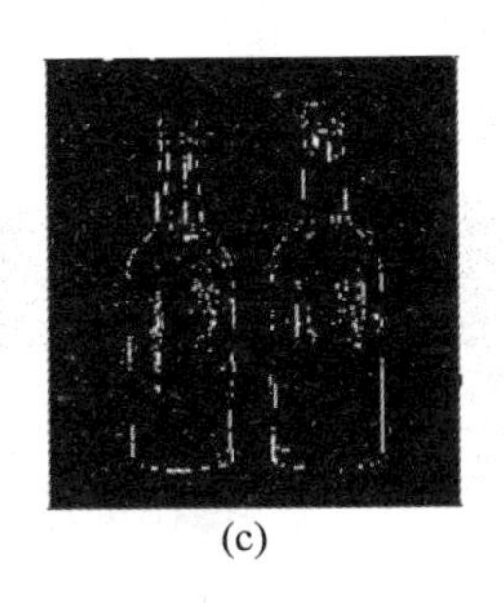
(c)

(d)

图 7.9　边缘检测结果

(a) 原图；(b) Roberts 算子结果；(c) Sobel 算子结果；(d) Prewitt 算子结果

上述边缘检测算子均为一阶微分算子，如果图像边缘处的灰度是陡变的，那么采用一阶微分算子可以得到较好的结果。实际上在图像的边缘处，通常会形成一个灰度的斜坡过渡，一阶微分在斜坡处的值不为 0，那么得到的边缘就比较粗。为此，可以采用二阶微分算子，即 Laplacian 算子，它是在一阶微分算子的基础上，再进行一次微分运算。在数学上，二元函数 $f(x,y)$ 在 (x,y) 处的 Laplacian 算子定义为

$$\nabla^2 f(x,y)=\frac{\partial^2 f(x,y)}{\partial x^2}+\frac{\partial^2 f(x,y)}{\partial y^2} \tag{7.10}$$

对离散的数字图像，二阶偏导数可用二阶差分近似，可以推导出 Laplacian 算子的表达式为

$$\nabla^2 f(i,j)=f(i+1,j)+f(i-1,j)+f(i,j+1)+f(i,j-1)-4f(i,j) \tag{7.11}$$

显然，式(7.11)对应的滤波核为

$$\begin{bmatrix} 0 & 1 & 0 \\ 1 & -4 & 1 \\ 0 & 1 & 1 \end{bmatrix}$$

二阶微分在斜坡处的值接近 0，在斜坡两端的值不为 0，这样就可得到一个由 0 分开的 1 个像素宽的双边缘，从而在增强图像细节方面比一阶微分更好。图 7.10 所示为采用 Laplacian 算子进行边缘检测的结果，可见，与图 7.9 相比，Laplacian 算子的结果更好。

图像经过空间域锐化处理后，虽然图像中的边缘增强了，但图像中的背景信息却消失了。为了既体现空间域锐化的处理结果，同时又能保持原图像的背景信息，可以将原始图像和锐化滤波结果图像叠加在一起来达到图像增强的效果。

(a)

(b)

图 7.10　Laplacian 算子边缘检测结果

(a) 原图；(b) Laplacian 算子结果

7.2　图像分割

图像分割是根据灰度、颜色、纹理和形状等特征把图像分成多个具有独特性质的互不相交的区域，从而更好地理解图像的内容，它是从图像处理到图像分析的关键步骤。图像分割主要分为基于阈值的方法、基于边缘的方法和基于区域的方法，其中，基于阈值的和基于边缘的分割方法以灰度值的不连续性为基础，基于区域的分割方法以灰度值的相似性为基础。

7.2.1　基于阈值的分割方法

基于阈值的图像分割方法的基本思想是基于图像的灰度特征来计算一个或多个灰度阈值，并将图像中每个像素的灰度值与阈值进行比较，然后再根据比较结果将像素分到合适的类别中。因此，阈值法的最关键步骤就是按照某个准则函数来求解合适的阈值。

图像分割的一种应用是目标与背景分离。设原始图像为 $f(i,j)$，按照一定准则在 $f(i,j)$ 中找到合适的灰度阈值 T，可以将图像分割为两部分，设分割后的图像为 $g(i,j)$，则

$$g(i,j)=\begin{cases}b_0 & f(i,j)<T\\ b_1 & f(i,j)\geqslant T\end{cases}\tag{7.12}$$

如果 $b_0=0, b_1=1$，则图像分割过程即为常见的图像二值化。

选取阈值的最简单的方法是根据直方图来选取。由直方图确定灰度主要集中的区间，如果有两个集中的区间，则选择两个区间中间的一个灰度级当作阈值就可以将图像分为两类，大于阈值的像素以白色表示，小于阈值的像素以黑色表示。

图7.11所示为阈值分割的效果。选取适当的阈值可以有效分开前景和背景。

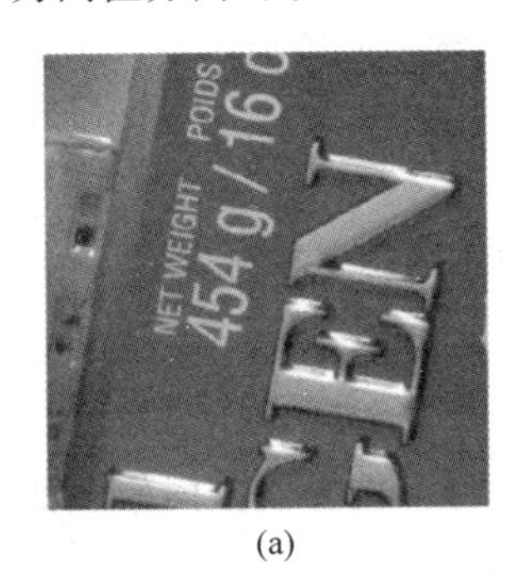

(a)

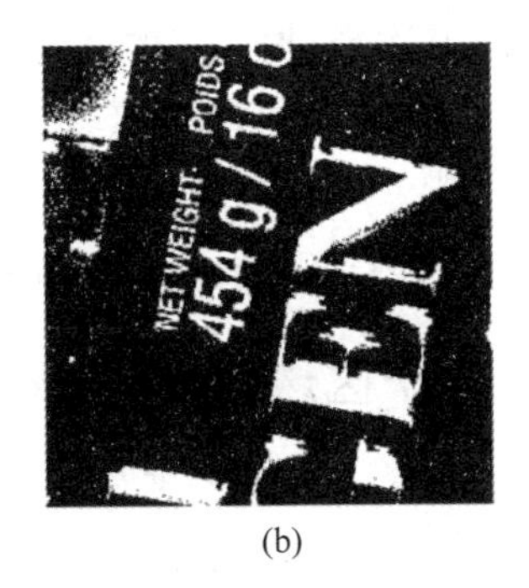

(b)

图7.11　阈值分割

(a) 原图；(b) 阈值分割结果

用上述方法选择的阈值是全局的。然而，有时物体与背景之间的灰度值有部分交集，用一个全局阈值并不能将它们绝对分开。此时，我们希望误分割的概率尽可能小，而选取最优阈值成了解决该问题的关键。Ostu提出的最大类间方差法是一种得到广泛使用的阈值选取方法，该方法以最佳阈值将图像灰度直方图分割成两部分，使两部分的类间方差最大，即分离性最大。

对于大小为 $M \times N$ 的图像 $f(i,j)$，假设前景与背景的分割阈值为 T，属于前景的像素比例为 w_0、平均灰度值为 u_0，属于背景的像素比例为 w_1、平均灰度值为 u_1，则整幅图像的灰度均值为

$$u = w_0 u_0 + w_1 u_1 \tag{7.13}$$

前景和背景的类间方差为

$$S = w_0 (u_0 - u)^2 + w_1 (u_1 - u)^2 \tag{7.14}$$

将式(7.13)代入式(7.14)，可得

$$S = w_0 w_1 (u_0 - u_1)^2 \tag{7.15}$$

选取使类间方差 S 最大的 T，则可以认为前景和背景的差异最大，这样的 T 即最佳阈值。

7.2.2　基于边缘的分割方法

图像分割可以通过边缘检测来实现，即检测灰度值或者结构具有突变的地方，该处表明一个区域的终结，也是另一个区域开始的地方。

7.2.5节讨论了空间域锐化的方法，利用Roberts、Sobel、Prewitt和Laplacian等算子可以检测出图像中的边缘。理想的边缘是一组相互连接的像素的集合，每个像素都处在灰度值跃变的一个垂直的台阶上。实际应用中，由于光学系统以及图像采集系统的不完善性，得到的边缘是模糊的，并且经常是不联通的，因此，在进行边缘检测的基础上还需要进一步处理。

基于边缘点检测的图像分割步骤如下：首先，对图像中每一个像素通过边缘检测算子检测；其次，根据一定的准则对检测算子的输出进行判定，确定该像素点是否为边缘点；最后，剔除某些边缘点并填补边缘间断点，将这些边缘点连接成线，最终实现分割。

后面我们会给出结合基于边缘检测和数学形态学方法实现图像分割的应用。

7.2.3 基于区域的分割方法

基于区域的分割方法是将图像按照相似性准则分成不同的区城，主要有区域生长法和区域分裂合并法等算法。

1. 区域生长法

区域生长法的基本思想是将具有相似性质的像素集合起来构成区域，其具体步骤是：首先，对于每个需要分割的区域，找一个种子像素作为生长的起点；其次，将种子像素周围邻域中与种子像素有相同或相似性质的像素合并到种子像素所在的区域中；再次，将这些新像素当作新的种子像素重复进行上面的操作，直到再没有满足条件的像素可以被包括进来；最后，得到要分割的区域，即区域长成了。这里的相似性判断是根据某种事先确定的生长准则或相似准则来确定的。

图 7.12 所示为区域生长法的示例。图 7.12(a)所示为待分割的图像，其中两个种子像素点的灰度值分别为 2 和 7。假设区域生长准则为：当前像素与种子像素的灰度值的差值小于或等于某个阈值 T，则将该像素包括进种子像素所在的区域。图 7.12(b)所示是当 $T=1$ 时区域生长的结果，有些像素无法判断其所属区域。图 7.12(c)所示是当 $T=2$ 时区域生长的结果，整幅图像被较好地分割成两个部分。图 7.12(d)所示是当 $T=3$ 时区域生长的结果，整幅图像只有 1 个区域。由此可见，阈值 T 的选择非常关键。

5	5	3	2	3
2	4	8	3	4
1	2	9	7	4
3	9	8	7	3
5	7	9	7	3

(a)

5	5	3	2	3
2	4	7	3	4
2	2	7	7	4
2	7	7	7	3
5	7	7	7	3

(b)

2	2	2	2	2
2	2	7	2	2
2	2	7	7	2
2	7	7	7	2
2	7	7	7	2

(c)

2	2	2	2	2
2	2	2	2	2
2	2	2	2	2
2	2	2	2	2
2	2	2	2	2

(d)

图 7.12 区域生长法示例

(a) 待分割的图像；(b) $T=1$；(c) $T=2$；(d) $T=3$

区域生长方法结果的好坏取决于 3 个方面：一是初始种子点的选取，二是生长准则，三是终止条件。

图 7.13 所示为采用区域生长法进行图像分割的结果。

图 7.13 区域生长法图像分割

(a) 待分割的图像；(b) 种子点；(c) 区域生长结果

2. 区域分裂合并法

区域分裂合并法是区域生长的逆过程，它从整个图像出发，不断分裂得到各个子区域，再把前景区域合并，实现目标提取。

区域分裂合并法需要确定一个分裂合并的准则，即区域特征一致性的测度 P。假设 R 表示整幅图像区域，区域分裂合并法的步骤是：首先，当 R 中某个区域 R_i 的特征 $P(R_i)=\text{FALSE}$ 时，就将该区域分裂成 4 个相等的子区域。如果对某个子区域而言特征仍不一致，则将该区域继续细分为 4 个子区城，以此类推。其次，对于相邻的两个子区域 R_i 和 R_j，如果 $P(R_i \cup R_j)=\text{TRUE}$，则将它们合并。最后，如果进一步的分裂或者合并都不可能，则结束。

图 7.14 所示为采用区域分裂合并法进行图像分割的结果，可以看出，在图像的边缘处划分出了比较密集的子区域。

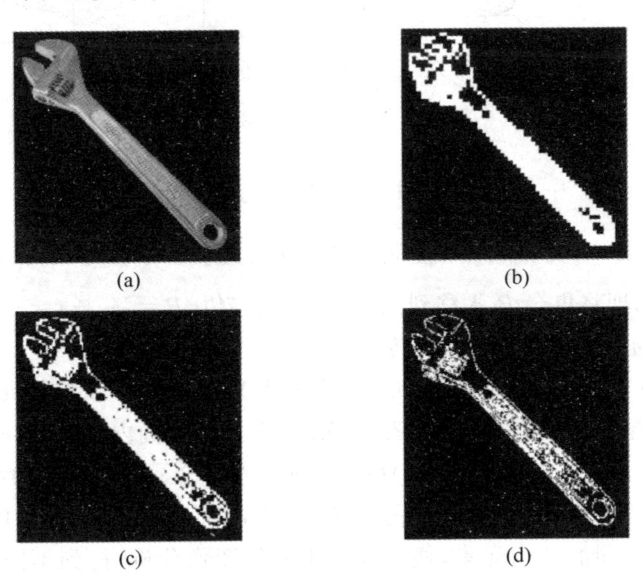

图 7.14 区域分裂合并法图像分割

(a) 待分割的图像；(b) 最小允许块大小为 8；(c) 最小允许块大小为 4；(d) 最小允许块大小为 2

7.3 数学形态学算法

数学形态学是以形态结构元素为基础对图像进行分析的数学工具，它的基本思想是用具有一定形态的结构元素去度量和提取图像中的形，以达到对图像分析和识别的目的。数学形态学的应用可以简化图像数据，保持它们基本的形状特征，并除去不相干的结构。数学形态学算法由一组形态学的代数运算算子组成，腐蚀和膨胀是其最基本的运算，利用这些基本运算可以组合成各种数学形态学算法，实现图像形状和结构的分析及处理。

7.3.1 数学形态学的基本概念

在图像的数学形态学中，把图像中由一些像素构成的区域视为一个集合。两个集合之间有交、并和差运算，单个集合有补、平移和反射运算，如图 7.15 所示。

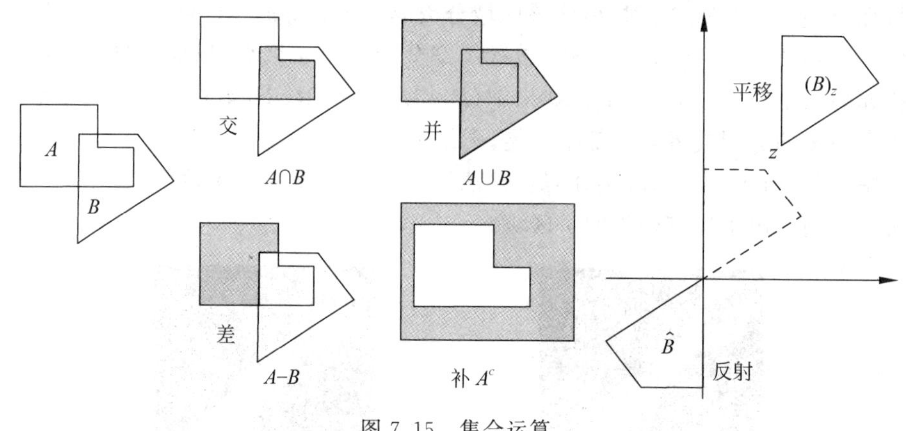

图 7.15 集合运算

在这些运算中，交、并、补和差是常规的集合运算。平移定义为$(B)_z=\{c \mid c=x+z, x\in B\}$，即将集合 B 平移到点 z。反射定义为 $\hat{B}=\{w \mid w=-x, x\in B\}$，即将集合 B 中的元素相对于原点旋转 180°。

数学形态学对图像进行处理和分析的过程就是利用一个结构元素 B 去探测一个图像 A，看能否将这个结构元素很好地填放在图像的内部，同时验证填放结构元素的方法是否有效，如图 7.16(a)所示。通过对适合放入图像内的结构元素的位置做标记，就可得到关于图像结构的信息，这些结构信息与结构元素的尺寸和形状都有关，构造不同的结构元素，便可完成不同的图像分析，得到不同的分析结果。结构元素一般为十字形、矩形、线形和菱形，如图 7.16(b)所示。需要注意的是，结构元素中需要定义一个原点，图 7.16(b)中的黑点表示原点。数学形态学可抽象为一种邻域运算，结构元素相当于滤波核，可以定量地描述图像的形态特征。

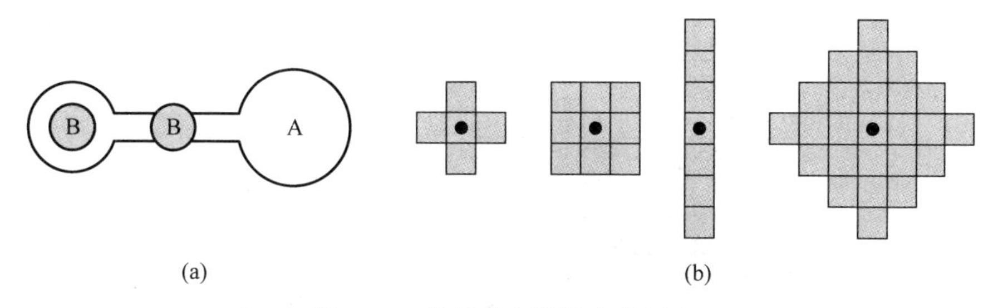

图 7.16　数学形态学原理示意图

7.3.2　腐蚀和膨胀

1. 腐蚀

结构元素 B 对图像 A 的腐蚀定义为 $A\ominus B=\{z\mid(B)_z\subseteq A\}$，这表示腐蚀的结果就是把结构元素 B 平移后使 $(B)_z$ 完全包含在 A 中的所有点构成的集合。实际在运算时，当 B 的原点平移到图像像素 (i,j) 处时，如果 $(B)_z$ 完全被包含在 A 中，也就是 $(B)_z$ 中为 1 的元素位置上对应的像素值全部为 1，则将输出图像 (i,j) 处的像素赋值为 1，否则赋值为 0。

我们通过一个例子来说明腐蚀运算的过程。如图 7.17(a)所示，设 A 为 9×9 像素的二值图像中像素值为 1 的区域，即图中浅色阴影的区域；B 是一个 3×3 的结构元素，原点为深色的像素。

将结构元素 B 在待处理的图像 A 上遍历，即对 B 进行平移操作。当 B 遍历到如图 7.17(b)所示的位置时，$(B)_z$ 不包含在 A 中，所以 $(B)_z$ 的原点所对应的像素不在 $A\ominus B$ 中，经过腐蚀运算后，深色位置的像素值仍为 0。

当 B 遍历到如图 7.17(c)所示的位置时，虽然 $(B)_z$ 与 A 有交集，但是 $(B)_z$ 并不包含在 A 中，所以 $(B)_z$ 的原点所对应的像素不在 $A\ominus B$ 中，经过腐蚀运算后，深色位置的像素值由 1 变为 0。

当 B 遍历到如图 7.17(d)所示的位置时，$(B)_z$ 完全包含在 A 中，所以 $(B)_z$ 的原点所对应的像素在 $A\ominus B$ 中，经过腐蚀运算后，深色位置的像素值保持为 1 不变。

按照此操作运算，最后可以得到如图 7.18 所示的最终结果。

由以上过程可以看出，腐蚀可以使范围变小，造成目标区域的边界收缩，所以可以用来消除小且无意义的目标物，例如消除噪点和很小的孤立图像元素等。

2. 膨胀

结构元素 B 对图像 A 的膨胀定义为 $A\oplus B=\{z\mid(\hat{B})_z\cap A\neq\varnothing\}$，表示 B 的反射进行平移后与 A 的交集不能为空，即 B 的反射平移后和 A 至少有一个元素是重合的。实际在运算时，将结构元素 B 的原点平移到图像像素 (i,j) 处，如果 $(\hat{B})_z$

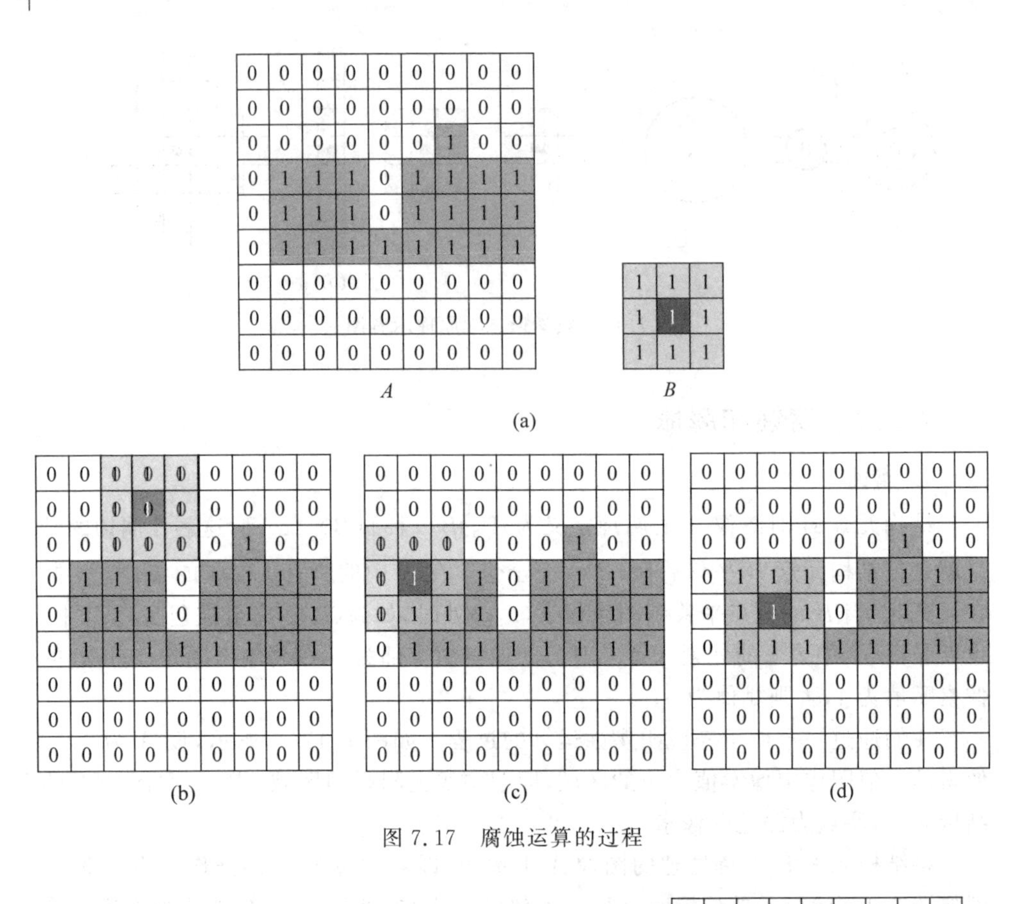

图 7.17 腐蚀运算的过程

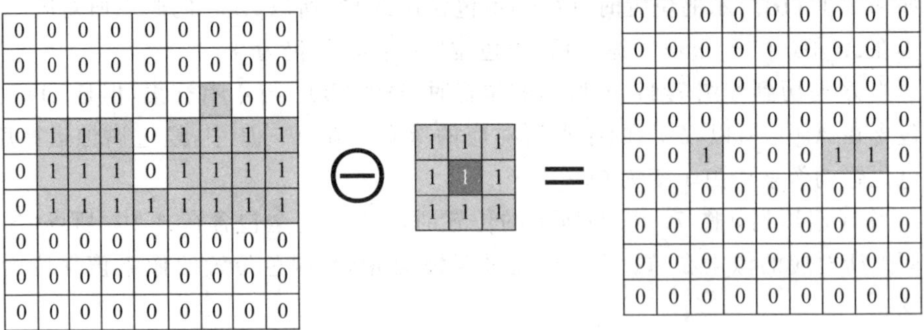

图 7.18 腐蚀运算的结果

与 A 的交集不为空，也就是 $(\hat{B})_z$ 中为 1 的元素位置上对应的像素值至少有一个为 1，则输出图像对应的像素 (i,j) 赋值为 1，否则赋值为 0。

图 7.19 给出了膨胀运算结果的例子，运算过程也是将结构元素 B 在图像上遍历，具体细节请读者自行参照腐蚀运算的过程加以理解。

膨胀会使目标区域范围变大，使目标边界向外扩张，将与目标区域接触的背景点合并到该目标物中，所以可以用来填补目标区域中某些空洞以及消除包含在目

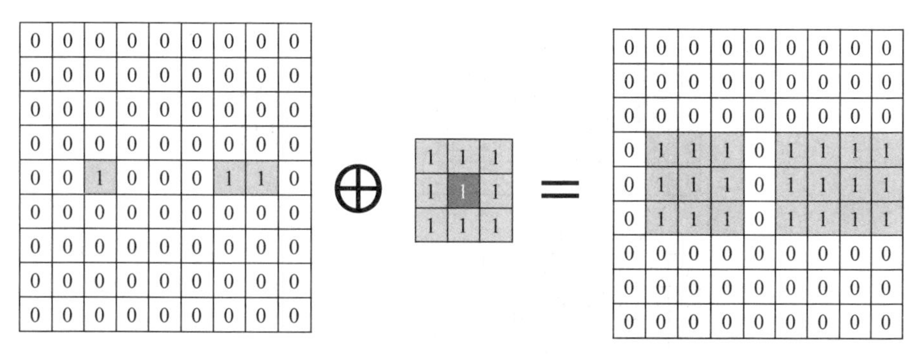

图 7.19　膨胀运算的结果

标区域中的小颗粒噪声。

7.3.3　开运算和闭运算

由图 7.18 和图 7.19 可以看出，腐蚀和膨胀并不互为逆运算，所以可以利用腐蚀和膨胀衍生出更多的运算，其中开运算和闭运算在图像处理和分析中有广泛的应用。

1. 开运算

结构元素 B 对图像 A 的开运算定义为 $A\circ B=(A\ominus B)\oplus B$，即开运算通过对图像先腐蚀再膨胀实现。开运算的过程和结果如图 7.20 所示。

开运算可以抑制区域边界的小离散点或尖峰，除去孤立的小点、毛刺和小桥，所以经常用来消除小物体以平滑较大物体的边界，同时并不明显改变其面积。由图 7.20 可见，开运算把细微连在一起的两块目标分离开了，并且消除了目标边界上的毛刺。

2. 闭运算

结构元素 B 对图像 A 的闭运算定义为 $A\bullet B=(A\oplus B)\ominus B$，即闭运算通过对图像先膨胀再腐蚀实现。闭运算的过程和结果如图 7.21 所示。

闭运算主要用来填充物体内的细小孔洞，连接邻近物体，平滑物体的边界，同时并不明显改变面积。由图 7.21 可见，闭运算可以使两个细微连接的区域完整地连接在一起。

需要说明的是，结构元素大小和形状的不同将导致腐蚀、膨胀、开运算和闭运算结果的不同。

图 7.22 所示为腐蚀、膨胀、开运算和闭运算的结果。可以看出，腐蚀缩小了二值化图像中的目标区域；膨胀扩大了目标区域；开运算消除了目标区域下部细小的部分，但是导致目标不再完整；闭运算可以使二值化图像中原本断开的右侧扳手连在一起，并且填补了左侧扳手的孔洞。

0	0	0	0	0	0	0	0	0
0	0	0	0	0	0	1	0	0
0	1	1	1	0	1	1	1	1
0	1	1	1	0	1	1	1	1
0	1	1	1	1	1	1	1	1
0	0	0	0	0	0	0	0	0

○

1	1	1
1	1	1
1	1	1

↓

0	0	0	0	0	0	0	0	0
0	0	0	0	0	0	0	0	0
0	0	0	0	0	0	0	0	0
0	0	1	0	0	0	1	1	0
0	0	0	0	0	0	0	0	0
0	0	0	0	0	0	0	0	0

经过腐蚀后的结果

↓

0	0	0	0	0	0	0	0	0
0	0	0	0	0	0	1	0	0
0	1	1	1	0	1	1	1	1
0	1	1	1	0	1	1	1	1
0	1	1	1	1	1	1	1	1
0	0	0	0	0	0	0	0	0

经过膨胀后的结果

图 7.20　开运算

0	0	0	0	0	0	0	0	0
0	0	0	0	0	0	1	0	0
0	1	1	1	0	1	1	1	1
0	1	1	1	0	1	1	1	1
0	1	1	1	1	1	1	1	1
0	0	0	0	0	0	0	0	0

•

1	1	1
1	1	1
1	1	1

↓

0	0	0	0	0	1	1	1	0
1	1	1	1	1	1	1	1	1
1	1	1	1	1	1	1	1	1
1	1	1	1	1	1	1	1	1
1	1	1	1	1	1	1	1	1
1	1	1	1	1	1	1	1	1

经过膨胀后的结果

↓

0	0	0	0	0	0	0	0	0
0	0	0	0	0	0	1	0	0
0	1	1	1	1	1	1	1	1
0	1	1	1	1	1	1	1	1
0	1	1	1	1	1	1	1	1
0	0	0	0	0	0	0	0	0

经过腐蚀后的结果

图 7.21　闭运算

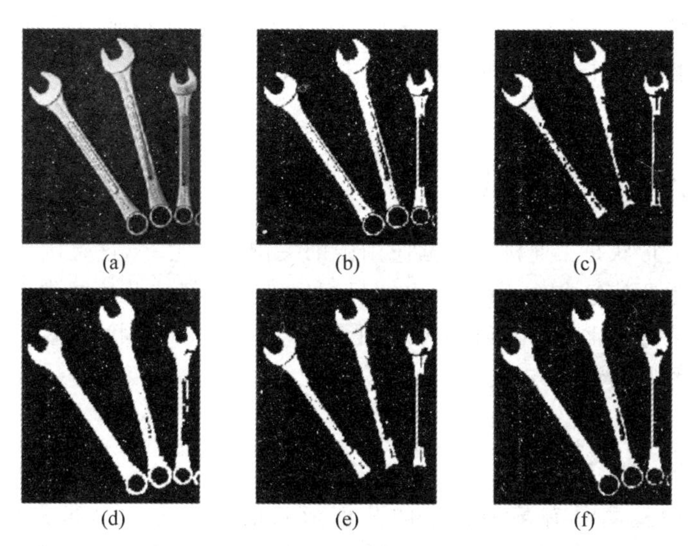

图 7.22 数学形态学基本运算

(a) 原图；(b) 二值化结果；(c) 腐蚀运算结果；(d) 膨胀运算结果；(e) 开运算结果；(f) 闭运算结果

7.3.4 数学形态学在图像分割中的应用

在腐蚀、膨胀、开运算和闭运算的基础上可以实现更加复杂和实用的运算，包括击中击不中变换、骨架抽取、孔洞填充等，使数学形态学算法在图像处理和分析中拥有广泛的实用价值。这里给出一个基于边缘检测和数学形态学方法实现图像分割的应用示例。

图 7.23 所示是一幅玻璃瓶图像，我们希望将玻璃瓶从背景中分割出来。首先，将图像转为灰度图。接下来，用 7.1.5 节介绍的空间域锐化方法对灰度图进行边缘检测，可以看出提取的边缘支离破碎，为此对边缘检测的结果进行膨胀运算。然后，进行孔洞填充。这时我们发现，虽然瓶子已经从背景中分离出来了，但是由于原图在拍摄时的阴影导致在图像的底部存在虚假的目标区域，并且瓶子之间还

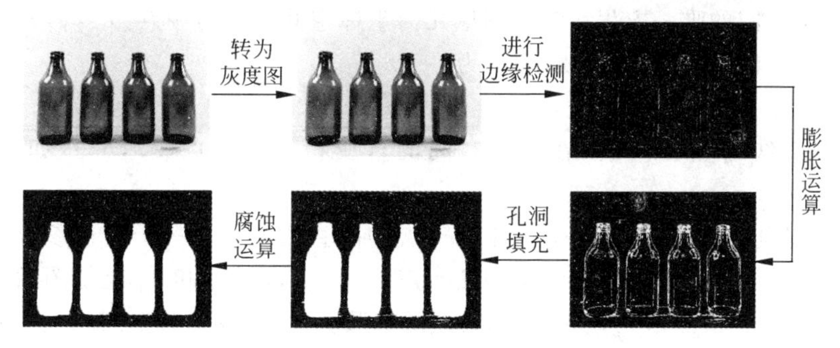

图 7.23 图像分割示例(见文前彩图)

有细微的连接。为消除这些细小的不期望的目标区域，执行腐蚀运算。至此，我们已经比较完整并且干净地将瓶子从背景中提取出来了。

7.4 几何形状识别

识别几何形状是工业机器视觉应用中的关键技术之一，这是因为形状是表达物体特征的重要信息参数，所以大多数目标识别算法都涉及从图像中提取目标形状。直线和圆是最常见的几何形状，也是其他更为复杂的形状的基本组成部分，本节介绍直线和圆的识别方法。

7.4.1 直线检测

从图像中检测具有某种特征的几何形状的基本方法是霍夫变换（Hough transform）。其核心思想是把图像中属于某种形状的点映射到参数空间中，在参数空间中通过计算累计结果的局部最大值得到符合该特定形状的点的集合。霍夫变换不仅能够识别图像中有无需要检测的几何形状，而且能够获取该形状的参数，例如位置和角度。

直线检测是一种最基本的霍夫变换。在图像的几何空间中，经过点(x_i, y_i)的直线表示为

$$y_i = ax_i + b \tag{7.16}$$

式中，参数 a 是直线的斜率，b 是直线的截距。

经过点(x_i, y_i)的直线有无数条，它们对应不同的 a 和 b，这些 a 和 b 都满足式(7.16)。如果将 x_i 和 y_i 视为常数，而将原本的参数 a 和 b 视为变量，则式(7.16)可表示为

$$b = -x_i a + y_i \tag{7.17}$$

这样就将点(x_i, y_i)变换到了参数空间，该参数空间是 a 和 b 两个参数构成的平面 a-b，这个变换就是直角坐标霍夫变换。该方程是图像的几何空间的点(x_i, y_i)在参数空间的唯一方程。考虑图像几何坐标空间中的另一点(x_j, y_j)，它在参数空间中也有一条相应的直线，表示为

$$b = -x_j a + y_j \tag{7.18}$$

这条直线与点(x_i, y_i)在参数空间的直线相交于一点(a_0, b_0)，如图 7.24 所示。

图像几何空间中过点(x_i, y_i)和(x_j, y_j)的直线上的每一个点在参数空间上都各自对应一条直线，这些直线都相交于点(a_0, b_0)，而 a_0 和 b_0 就是图像几何空间中点(x_i, y_i)和(x_j, y_j)所确定的直线的参数。反之，在参数空间相交于同一点的所有直线，在图像几何空间都有共线的点与之对应。根据这个特性，给定图像几何空间的一些边缘点，就可以通过霍夫变换确定连接这些点的直线方程。

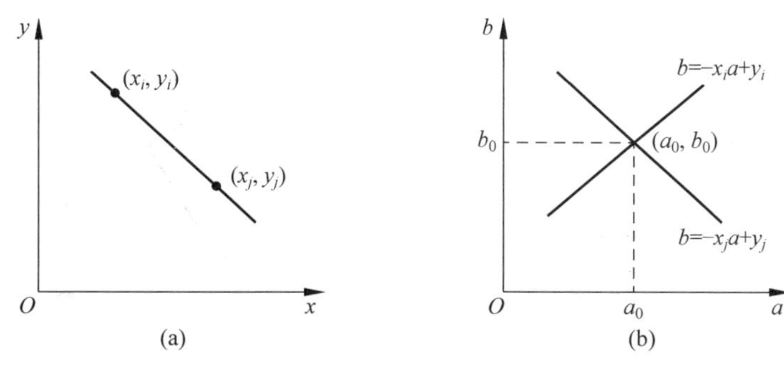

图 7.24　直角坐标霍夫变换

(a) 图像几何空间；(b) 参数空间

定义一个离散数组 $A(a,b)$，设置好 a 和 b 的取值范围，并设该数组的初始值全为 0。然后针对图像几何空间中每一个边缘点 (x_i,y_i)，将参数空间中的每一个 a 值代入式(7.17)计算出对应的 b 值，再根据 a 和 b 的值对数组 $A(a,b)$ 进行累加，累加结束后，根据数组中局部峰值点的位置确定参数 a 和 b 的值。$A(a,b)$ 的最大值对应图像中共线点数目最多的直线，第二大值对应图像中共线点数目第二多的直线，以此类推。图像中有几条直线，数组 $A(a,b)$ 中就有几个峰值点。显然，参数空间中离散数组 $A(a,b)$ 的精细程度决定了最终直线检测的精度。$A(a,b)$ 分得越细，检测精度越高，但是计算量也越大。

很明显，上述方法无法检测斜率为无穷大的直线(即与 x 轴垂直的直线)，可以采用极坐标参数空间解决这一问题。在图像的几何空间中，经过点 (x_i,y_i) 的直线可以用极坐标参数表示为

$$\rho = x_i \cos\theta + y_i \sin\theta \tag{7.19}$$

式中，参数 ρ 是直线到原点的距离，θ 是 x 轴与直线法线的夹角。需要注意的是，式(7.19)虽然用到了 ρ 和 θ，但它并不是直线的极坐标方程，它称为直线的 Hesse 法线式。

经过点 (x_i,y_i) 的直线有无数条，它们对应不同的 ρ 和 θ，这些 ρ 和 θ 都满足式(7.19)。如果将 x_i 和 y_i 视为常数，而将原本的参数 ρ 和 θ 视为变量，则可以将点 (x_i,y_i) 变换到 θ-ρ 参数空间，即 ρ 和 θ 两个参数构成的平面，这个变换就是极坐标霍夫变换。与直角坐标霍夫变换不同，经过点 (x_i,y_i) 的所有直线对应 θ-ρ 参数空间中的一条正弦曲线。图像几何空间中共线的点变换到 θ-ρ 参数空间后，在 θ-ρ 参数空间中对应的正弦曲线都相交于同一点，如图 7.25 所示。

与直角坐标霍夫变换相类似，定义一个离散数组 $A(\theta,\rho)$，针对图像每一个边缘点 (x_i,y_i) 对数组 $A(\theta,\rho)$ 进行累加，累加结束后，根据数组中局部峰值点的位置确定参数 ρ 和 θ 的值。

图 7.26 所示为直线检测的示例。图 7.26(a)为工厂厂房图像；图 7.26(b)叠加了采用霍夫变换检测到最长的 20 条直线段。

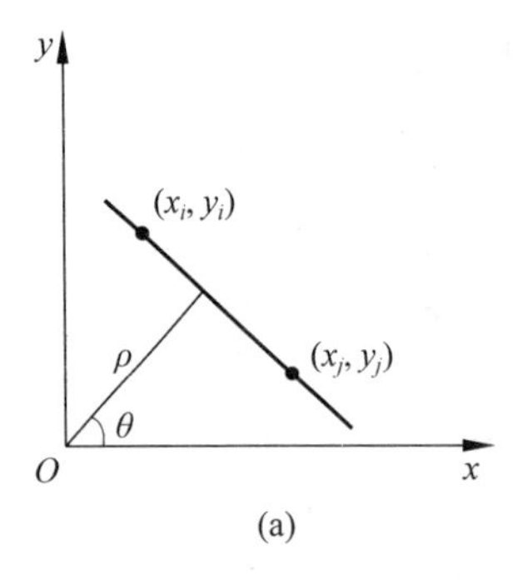

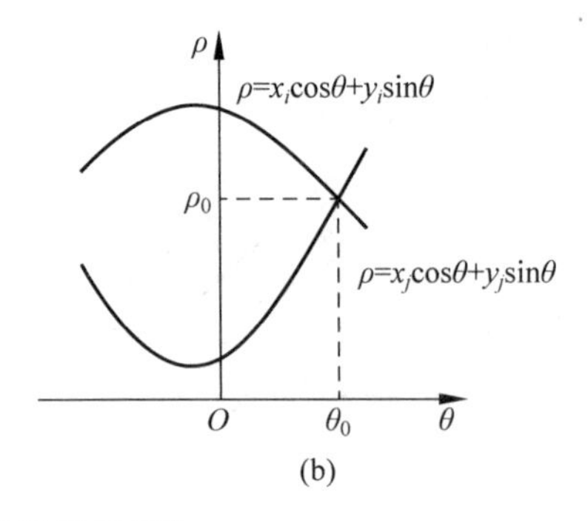

图 7.25 极坐标霍夫变换

(a) 图像几何空间；(b) 参数空间

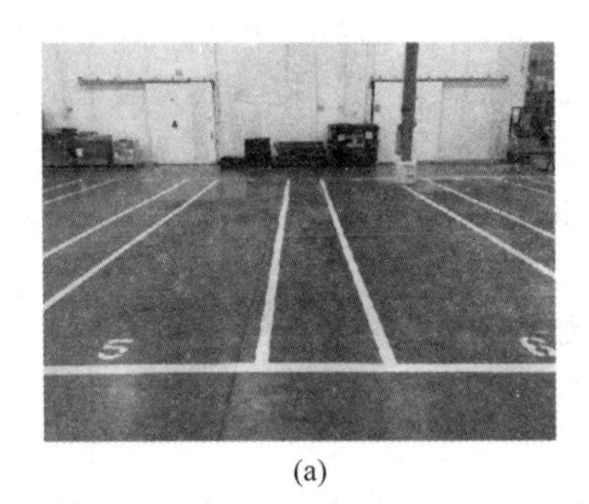

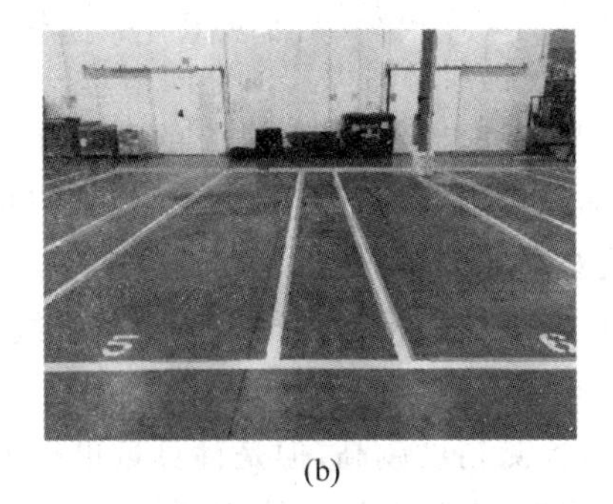

(a) (b)

图 7.26 直线检测示例(见文前彩图)

7.4.2 圆形检测

霍夫变换也适用于方程已知的曲线的检测。对于图像几何空间中一条已知方程的曲线,也可以建立其相应的参数空间方程。图像几何空间中的一个点在参数空间就可以映射为相应的轨迹曲线或者曲面。所以利用霍夫变换进行曲线检测的关键是写出图像几何空间到参数空间的变换公式。

我们以圆形检测为例来说明曲线检测的方法。圆的直角坐标方程为

$$(x-x_0)^2+(y-y_0)^2=R^2 \tag{7.20}$$

式中,(x_0,y_0)是圆心,R 是圆的半径,它们是圆的参数。于是,参数空间可以表示为(x_0,y_0,R),图像几何空间中的一个圆对应参数空间中的一点。

具体的计算方法与前面讨论的直线检测方法相同,区别在于此处要累加三维数组 $A(x_0,y_0,R)$。

图 7.27 所示为圆形检测的示例。图 7.27(a)为一块印刷电路板的图像,我们需要从中检测 4 个角上的焊盘,设置适当的半径范围可以准确地将其检测出;图 7.27(b)叠加了检测到的圆周和圆心,可以看到原图中不符合要求的圆并没有被错检出来。

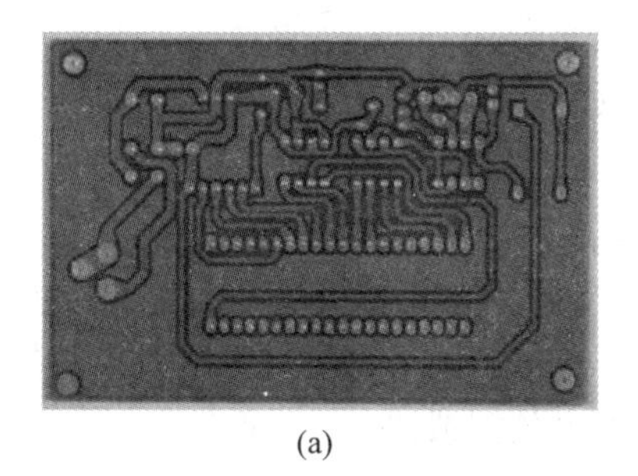

(a)

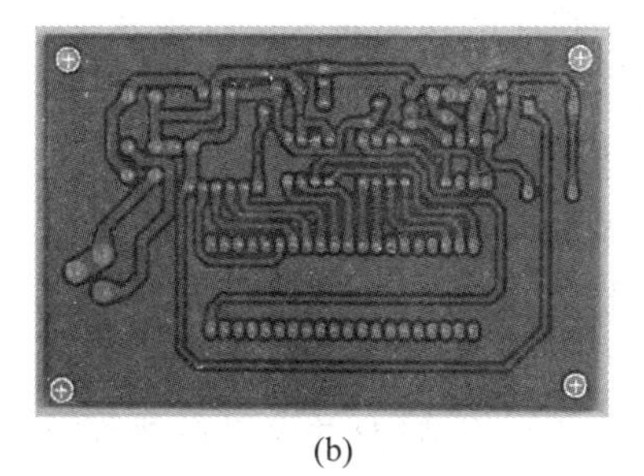

(b)

图 7.27 圆形检测示例(见文前彩图)

7.5 人工智能和深度学习简介

本章前面讨论的是传统的机器视觉算法,这些算法在工业制造领域从质量检测、物体识别、尺寸测量到机器人引导等方面都得到了成功的应用。然而,传统机器视觉系统存在局限性,例如它无法准确地检测表面缺陷和变形等异常,也无法进行装配验证等。近年来以深度学习为代表的人工智能技术为机器视觉的发展开辟了新的途径。

7.5.1 人工智能

人工智能(artificial intelligence,AI)是计算机科学的一个分支,专注于创建能够模仿人类认知功能的智能机器。人工智能的核心目标是使机器具有4种能力:推理能力,能够分析信息并得出合乎逻辑的结论;学习能力,能够从数据中获取新知识和技能;解决问题的能力,能够以目标为导向识别和解决问题;决策能力,能够评估选项并根据可用信息做出选择。

人工智能分为3种类型,或者说3个层次:狭义人工智能、通用人工智能和超级智能人工智能。

(1) 狭义人工智能:为处理特定任务或有限范围的任务而设计的人工智能系统,这些系统在受约束和预定义的条件下运行,在其特定领域表现出色,但是缺乏超出其特定领域的能力。狭义人工智能的典型应用如语音助手、人脸识别、汽车自动驾驶等,工业制造领域的机器视觉都属于狭义人工智能。

(2) 通用人工智能:具有理解、学习和在广泛任务中应用智能的能力,它反映出机器具备了人类的认知能力。从理论上讲,通用人工智能可以应用所学知识来解决新问题,而无须事先针对这些任务进行专门培训。

(3) 超级智能人工智能:不仅能模仿人类智能,而且在所有领域都显著超越了人类智能。超级智能人工智能将具有非凡的解决问题和创造的能力,远远超出当前人类思维所能达到的程度。

人工智能的核心技术包括机器学习、深度学习、机器人技术、自然语言处理和专家系统等，其中机器学习是当前比较有效的一种实现人工智能的方式，深度学习则是机器学习算法中最热门的一个分支。近些年深度学习取得了显著的进展，并替代了大多数传统机器学习算法。

机器学习专门研究计算机怎样模拟或实现人类的学习行为，它涉及在数据集上进行训练，使机器能够从数据中获取新的知识，不断改善自身的性能，从而重新组织已有的知识结构，并可以在新数据上做出预测或决策。

机器学习的实现可以分成两步：训练和预测。

训练是从一定数量的样本中，学习输出 y 与输入 x 之间的关系 $y \sim x$，这一关系在机器学习中称为模型。所谓样本，则是已知的输入和输出对 (x_i, y_i)，$i=1,2,\cdots,N$，N 是样本的数量。这里的 x 可以是图像、语音、文本信息等；y 可以是数值型数据，也可以是类别数据。如果 y 是数值型数据，则学习的模型称为回归模型；如果 y 是类别数据，则学习的模型称为分类模型。

关系 $y \sim x$ 究竟是什么形式是未知的，漫无目的地试探 y 与 x 之间的关系显然是不现实的，合理的做法是根据经验对模型的形式做出假设。我们用 $y=f(w;x)$ 表示模型假设，其中 w 是模型的参数。例如，设 y 和 x 都是一元数值型数据，并且假设它们满足线性关系 $y=ax+b$，则模型的参数为 $w=(a,b)$。

显然，合理的假设应该最大化地解释所有的已知观测数据。所以，对于已知的样本输入和输出对 (x,y)，我们自然期望模型的预测值 $f(w;x)$ 与实际值 y 尽可能接近，这就需要度量预测值和真实值之间的差异程度。为此我们引入损失函数 $L[f(w;x),y]$，用来度量 $f(w;x)$ 与值 y 之间的误差。损失函数的类型有很多，例如绝对值损失、平方损失等。显然，对于给定的训练样本，损失函数 L 只是参数 w 的函数，所以机器学习的训练过程就等同于一个优化问题，即用最小化损失函数的思想来求解模型参数 w，表示为

$$\min_{w} L[f(w;x),y] \tag{7.21}$$

如何求解式(7.21)中的参数 w 是机器学习中最核心的步骤，而最优化算法正是实现这一步骤的关键工具。在机器学习中，有许多不同的机器学习算法可以用来训练模型。

为了评估模型的好坏，可以把样本分为训练集和测试集，用训练集通过式(7.21)所代表的训练过程求解参数 w，再用测试集衡量训练所得的模型是否能很好地拟合测试样本。如果模型不能满足要求，则需要修改模型假设。例如，对于一元数值型数据 y 和 x，原来假设它们满足线性关系 $y=ax+b$，结果发现由训练集确定的模型并不能很好地拟合测试样本，很可能是因为线性关系的假设过于简单了，需要采用更复杂的非线性模型。

总结上述机器学习的训练过程，可以概括为模型假设、优化算法、性能评估等步骤，如图 7.28 所示。

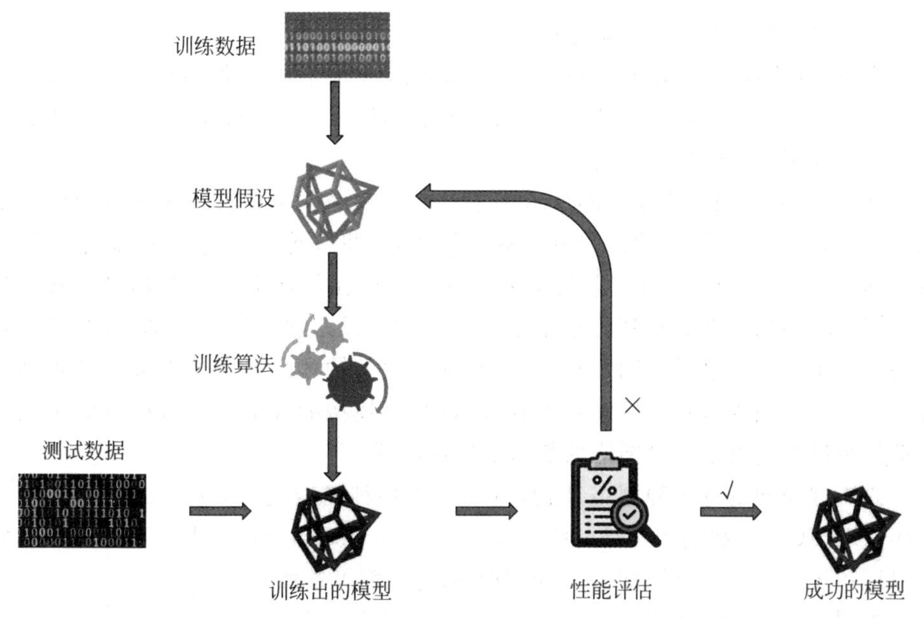

图 7.28　机器学习训练过程示意图

训练好的成功的模型可以用来对未知的数据进行预测。

深度学习是机器学习的一个子集，它使用多层复杂神经网络作为模型，在图像和语音识别等任务中非常成功。神经网络是模仿神经元交互方式的算法网络，使计算机能够识别模式并解决人工智能、机器学习和深度学习领域的常见问题。

通过上面的讨论不难理解，人工智能、机器学习和深度学习的关系是包含关系，如图 7.29 所示。

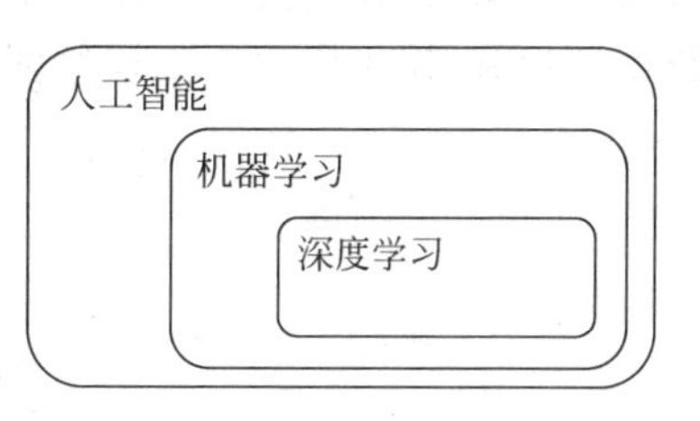

图 7.29　人工智能、机器学习和深度学习的关系

7.5.2　深度学习

深度学习基于多层人工神经网络架构。人工神经网络试图模仿人类大脑中使用的生物神经网络，其中最简单的是 Frank Rosenblatt 于 1957 年发明的感知机模型，如图 7.30 所示。

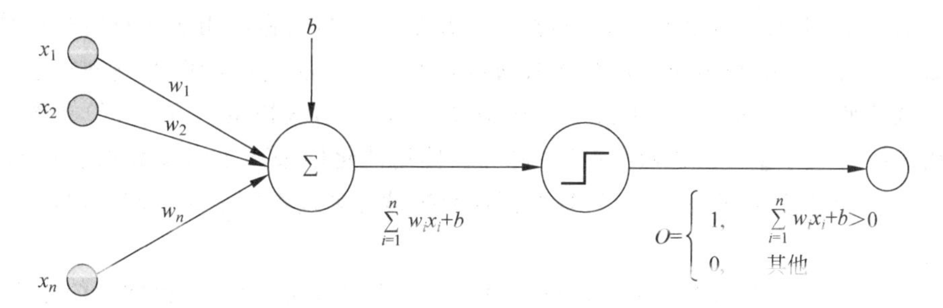

图 7.30　感知机模型

感知机模型是对人类大脑中的神经元进行建模，它通过获取一组输入，将每个输入乘以相应的权重并求和，再加上一个偏置值，以此模拟生物神经元对这些加权输入的求和。之后进行阈值化，如果总和大于 0，则输出 1，否则输出 0，这与生物神经元激发或不激发的方式相类似。

如今，更复杂的网络使用两层或多层这样的神经元来构造。人工神经网络的第一层是输入层，该层接收来自外部源的输入，并将其传递给隐藏层，即第二层以及后面各层（如果有的话）。隐藏层中的每个神经元都从上一层的神经元获取信息，计算加权总数，然后将其传递给下一层的神经元。这些连接是加权的，这意味着通过为每个输入赋予不同的权重，来自前一层的输入的影响或多或少地得到了优化。然后在训练过程中调整这些权重，以提高模型的性能。所以说这些中间的隐藏层可以在提供给神经网络的数据中发现特征。

人工神经网络有多种网络架构，例如全连接神经网络（fully connected neural network，FCNN）和卷积神经网络（convolutional neural networks，CNN）等，它们可以应用于从手写文字识别、人脸识别到语音识别等各种场合。

如图 7.31 所示，在 FCNN 中，有一个输入层和一个或多个隐藏层一个接一个地连接。每个神经元都接收来自前一层神经元或输入层的输入。一个神经元的输出成为网络下一层中其他神经元的输入，这个过程一直持续到最后一层产生网络的输出。然后，在通过一个或多个隐藏层后，这些数据被转换为输出层的有价值的数据。最后，输出层以人工神经网络对传入数据的响应形式提供输出。

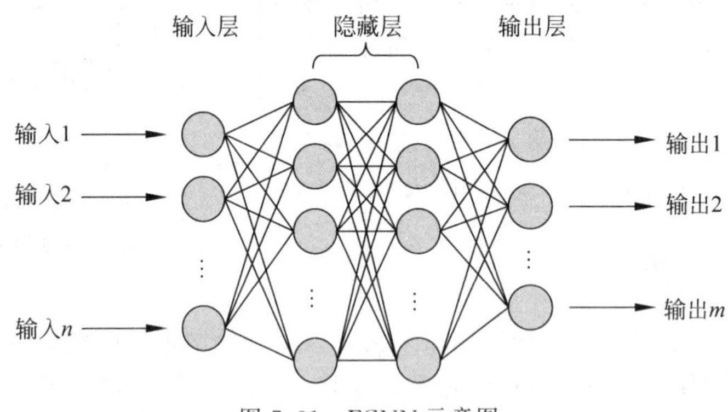

图 7.31　FCNN 示意图

图 7.32 所示为简化的 CNN 示意图。在 CNN 中，卷积层用于执行特征提取，就如同 7.1.5 节中利用卷积运算查找边缘特征一样。在传统的图像处理算法中，空间域的平滑和锐化，如用于去噪的中值滤波、用于边缘检测的 Sobel 算子等，都是在执行卷积计算。在卷积层提取特征后，使用池化层来减小图像数据表示的空间大小，以提高计算速度。然后，这些图像数据被送到最终的全连接网络层进行进一步处理。

CNN 架构是对人类视觉系统进行模拟。在人类视觉系统中，视网膜的输出执

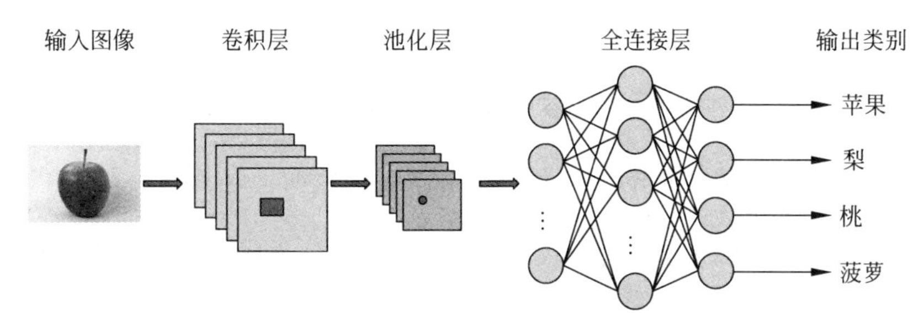

图 7.32 简化的 CNN 示意图

行特征提取,例如边缘检测;而在 CNN 中,卷积层用于执行特征提取,从而表示输入图像的特征。这些卷积层被排列成特征图,其中每个神经元都有一个感受野,通过一组可训练的权重连接到前一层的神经元,这些权重用于确定可能被覆盖的滤波器类型。感受野的概念正是来自人类视觉系统。池化层的引入是模拟人类视觉系统对视觉输入对象进行降维和抽象的过程,最后全连接层的处理则是模拟人类视觉皮层的模式识别机制。

正因为 CNN 架构具有模拟人类视觉系统的特性,所以它是机器视觉系统中部署最广泛的深度学习模型。许多机器视觉公司都推出了基于 CNN 架构或其改进版本的机器视觉工具包。

相比传统的机器学习方法,深度学习具有很多优势。深度学习算法有更高的精度,可以在包括图像识别和自然语言处理的各种任务中实现最先进的性能;还可以自动从数据中发现和学习相关特征,而无须像传统方法那样通过手动设计特征。深度学习模型可以扩展以处理大型和复杂的数据集,并且可以从大量数据中学习;也可以应用于广泛的任务,并且可以处理各种类型的数据,例如图像、文本和语音。随着更多数据的可用,深度学习模型可以不断提高其性能,即具有持续改进的能力。

虽然深度学习在各个领域都取得了重大进展,但仍有一些挑战需要解决,主要表现在以下 5 方面:①需要大量的数据来训练,而收集尽可能多的数据进行训练是一个很大的问题。②对计算资源的需求远高于传统方法。为了训练深度学习模型,往往需要 GPU 和 TPU 等专用硬件。③非常耗时。训练深度学习模型可能需要几天、几星期甚至几个月的时间。④存在可理解性问题。深度学习模型就像一个黑匣子,解释结果非常困难。⑤存在过拟合的可能性。当模型一次又一次地被训练时,模型容易变得过于针对训练数据,从而导致过拟合和对新数据的性能不佳。

总之,深度学习代表了人工智能的变革性飞跃,以 ChatGPT 为标志的深度学习 AI 算法正在从汽车自动驾驶到自然语言处理的各个行业中取得成功。随着不断突破计算能力和数据集大小的界限,深度学习的潜在应用是无限的。在工业机器视觉领域,随着研究和创新的不断深入,深度学习未来将会开创一个新时代,使机器可以以前所未有的规模解决复杂的工业机器视觉问题。

参考文献

[1] 斯蒂格 C,乌尔里克 M,威德曼 C. 机器视觉算法与应用[M]. 2 版. 杨少荣,段德山,张勇,等译. 北京：清华大学出版社,2019.

[2] 宓超,沈阳,宓为建. 装卸机器视觉及其应用[M]. 上海：上海科学技术出版社,2016.

[3] 谢经明,周诗洋. 机器视觉技术及其在智能制造中的应用[M]. 武汉：华中科技大学出版社,2021.

[4] 郭睿倩,复旦大学电光源研究所(光源与照明工程系),国家半导体照明工程研发及产业联盟. 光源原理与设计[M]. 3 版. 上海：复旦大学出版社,2017.

[5] 李林,黄一帆. 应用光学[M]. 5 版. 北京：北京理工大学出版社,2017.

[6] 金伟其,王霞,廖宁放,等. 辐射度光度与色度及其测量[M]. 2 版. 北京：北京理工大学出版社,2016.

[7] 钱元凯. 摄影光学与镜头[M]. 杭州：浙江摄影出版社,2005.

[8] 包学诚. 摄影镜头的光学原理及应用技巧[M]. 上海：上海交通大学出版社,1999.

[9] 冈萨雷斯 R,伍兹 R. 数字图像处理[M]. 3 版. 阮秋琦,阮宇智,译. 北京：电子工业出版社,2011.

[10] HORNBERG A. Handbook of machine vision[M]. Weinheim：WILEY-VCH Verlag GmbH & Co KGaA,2006.

[11] WEBER A. Auto industry drives new vision technology [J/OL]. Assembly Magazine. November 6, 2019. [2024-05-01] https://www. assemblymag. com/articles/95295-auto-industry-drives-new-vision-technology.

[12] Industrial Vision Systems. Human Vision v Machine Vision (and what the operational benefits really are) [EB/OL]. [2024-05-01] https://www. industrialvision. co. uk/news/human-vision-v-machine-vision-and-what-the-operational-benefits-really-are.

[13] CoaXPress Working Group. CoaXPress Standard Version 2. 1 [S]. Tokyo：JIIA,2021.

[14] A3. USB3 Vision version 1. 2[S]. Ann Arbor：A3,2022.

[15] A3. GiGE Vision Video Streaming and Device Control Over Ethernet Standard version 1. 2[S]. Ann Arbor：A3,2022.

[16] A3. Specifications of the Camera Link Interface Standard for Digital Cameras and Frame Grabbers v1. 2 [S]. Ann Arbor：A3,2018.

[17] A3. Specifications of the Camera Link HS Interface Standard for Digital Cameras and Frame Grabbers v2. 1[S]. Ann Arbor：A3,2022.

[18] EMVA. GenICam Standard Generic Interface for Cameras Version 2. 1. 1[S]. Barcelona：EMVA,2016.

[19] Vision Doctor. Lighting for industrial machine vision[EB/OL]. [2024-05-01] https://www. vision-doctor. com/en/lighting. html.

[20] Vision Doctor. UV illumination [EB/OL]. [2024-05-01] https://www. vision-doctor. com/en/uv-illumination. html.

[21] Keyence. Basics of Lighting Selection[EB/OL]. [2024-05-01] https://www. keyence. com/products/vision/vision-sys/resources/vision-sys-resources/basics-of-lighting-selection. jsp.

[22] Quality Magazine. Short Wave Infrared Enhances Machine Vision [J/OL]. Quality Magazine. March 5, 2013. [2024-05-01] https://www.qualitymag.com/articles/91011-short-wave-infrared-enhances-machine-vision.

[23] Smart Vision Lights. NIR Lighting for Machine Vision[EB/OL]. [2024-05-01] https://smartvisionlights.com/resources/lighting-basics-resources/nir-lighting-for-machine-vision/.

[24] Advanced Illumination. When Adequate Lighting Isn't "Good Enough"[EB/OL]. [2024-05-01]https://www.advancedillumination.com/lighting-education/when-adequate-lighting-isnt-good-enough/.